L'énergie

Ressources, technologies et environnement

Christian Ngô
Docteur ès sciences - Agrégé de l'université

3e édition

DUNOD

Du même auteur

Physique quantique, introduction, Dunod
Physique statistique, introduction, Dunod
Les semi-conducteurs, Dunod
Déchets et pollution, Dunod
Le Soleil, Fayard

ISBN 978-2-10-051531-8

Préface

L'énergie est, au même titre que l'eau et la nourriture, une ressource indispensable à la vie. Son abondance relative a contribué de façon décisive au développement économique et technique au cours des âges. Celui-ci s'est accéléré dans des proportions exceptionnelles au cours du XXe siècle, en premier lieu grâce à la découverte de sources d'énergies concentrées et aisément récupérables. L'apparition de l'électricité au XIXe siècle, et plus encore son développement au XXe, a révolutionné l'usage de l'énergie dans de nombreux domaines : habitat et vie domestique, circulation et traitement de l'information, transports... Cependant, malgré les progrès considérables accomplis, les besoins élémentaires en énergie d'une part encore trop importante de l'humanité ne sont pas satisfaits.

Cette période d'énergie facile et peu coûteuse pour nos pays développés pourrait avoir une fin prochaine si nous ne savons pas nous projeter dans l'avenir et préparer la nouvelle génération de ressources énergétiques. En effet, alors que quelque 80 % de la production d'énergie primaire mondiale repose sur la combustion massive des combustibles fossiles, nous savons désormais qu'au rythme où nous les consommons, sauf changement radical de nos comportements, nous allons bouleverser le fonctionnement de la planète à une vitesse et dans des proportions qu'elle n'avait jamais connu sous le jeu des phénomènes naturels. Et nous rapprocher dangereusement du moment de l'épuisement de ces ressources. Il nous faut réagir sans délai.

On focalise souvent l'attention du public sur des sources d'énergie qui ont un potentiel marginal de contribution au bilan énergétique, et qui plus est sans respecter suffisamment l'environnement, alors qu'on parle moins de celles qui peuvent dominer ce bilan et offrir des perspectives à long terme. En fait, le problème est complexe et aucun mode de production d'énergie ne peut répondre seul à tous les besoins. Les solutions dépendent de nombreux paramètres dont l'importance relative évolue au cours du temps.

Sachant ces enjeux, c'est pour moi un plaisir que de préfacer ce livre, car il représente une excellente introduction aux questions que l'on se pose naturellement sur l'énergie. Il donne les bases nécessaires pour comprendre ce sujet complexe sans privilégier une source plutôt qu'une autre. Cet ouvrage fournit de nombreux ordres de grandeur utiles et pertinents pour l'analyse des problèmes énergétiques. Il offre de manière simple, claire et fiable les éléments nécessaires pour que le lecteur se forge une opinion en fonction de ses propres critères et valeurs.

Après avoir présenté le contexte énergétique et les principales sources d'énergies (fossiles, renouvelables et nucléaire), ce livre décrit quelques utilisations de l'énergie et insiste sur son stockage qui est le point le plus difficile à résoudre. Le problème de l'impact de l'utilisation de l'énergie sur l'environnement et la santé est ensuite développé avant de conclure sur quelques perspectives. Cet ouvrage montre de manière précise que chaque source énergétique a ses avantages et ses inconvénients, et qu'il n'existe pas d'énergie parfaite permettant de satisfaire à tous nos besoins, à bas coût et sans impact sur l'environnement et la santé.

Il faut se garder de tout dogmatisme et essayer d'aborder les problèmes de la façon la plus objective possible. Cet ouvrage va dans ce sens et j'espère qu'il sera utile à tous ceux intéressés par ce domaine complexe, mais passionnant.

Bernard Bigot
Haut commissaire à l'énergie atomique

Table des matières

À Benjamin, Laurence et Hélène

Avant-propos

L'énergie est présente partout. Elle apparaît dès qu'il y a une interaction entre des systèmes qu'ils soient vivants ou inertes. C'est le cas de la puce qui dépense de l'ordre de 10^{-7} J pour sauter, de l'homme qui a besoin d'environ 10^7 J de nourriture par jour, de la chaleur qu'il lui faut pour se chauffer quand il a froid, de l'énergie mécanique pour décupler sa force physique. C'est aussi le cas des phénomènes naturels qui peuvent mettre en jeu des quantités considérables d'énergie comme un cyclone dans les Caraïbes ($3{,}8 \times 10^{18}$ J) [1]. Quel que soit le phénomène, des échanges d'énergie sont nécessaires dans tout comportement dynamique.

Pendant très longtemps l'homme s'est contenté de sa force physique, de celle des animaux, de l'énergie que l'on peut tirer du bois, du vent ou de l'eau. Les quantités mises en jeu étaient très faibles et ses conditions de vie ont évolué lentement. L'utilisation massive du charbon a permis un accroissement considérable de son niveau de vie. Le pétrole, le gaz et l'énergie nucléaire ont ensuite amplifié ce phénomène. On a ainsi constaté que l'énergie joue un rôle essentiel dans le développement économique. L'élément le plus spectaculaire du progrès étant sans doute l'augmentation d'un facteur supérieur à deux de l'espérance de vie en 200 ans.

Ce livre est une initiation à l'énergie. Son objectif est de faire un rapide survol de l'ensemble du domaine. En effet, le sujet est complexe, multidisciplinaire, et plusieurs aspects doivent être pris en compte : scientifiques, économiques, politiques, fiscaux, environnementaux, etc. L'irrationnel s'ajoute aussi au rationnel rendant le problème encore plus complexe.

Les combustibles fossiles, les énergies renouvelables et le nucléaire sont présentés après une introduction du contexte énergétique. Quelques utilisations de l'énergie et son stockage sont ensuite décris avant d'aborder son impact sur l'environnement car il n'y a pas d'activité humaine sans nuisance. Quelques perspectives sont enfin présentées dans le dernier chapitre.

Dès que l'on a de gros besoins en énergie, ce qui est le cas pour une grande partie de la planète même si tout le monde ne peut les satisfaire, on s'aperçoit vite qu'il n'y a pas de bonne ou de mauvaise énergie. Il n'y a que des compromis et de multiples solutions sont possibles pour chaque situation. Loin d'en écarter certaines, il faut au contraire essayer de trouver le panachage qui permet de mieux répondre aux contraintes du problème posé qui est spécifique à chaque pays.

Trois acteurs jouent un rôle important en matière de consommation d'énergie : la technologie qui permet de réduire la consommation à service égal ou meilleur ; les pouvoirs publics qui, avec des règlementations, des normes, des taxes... orientent le choix du consommateur vers telle ou telle source d'énergie ou manière de la consommer ; enfin le consommateur qui, en bout de chaîne, a un rôle crucial à jouer car c'est lui qui choisit un appareil gros consommateur d'énergie plutôt qu'un autre plus économe, par exemple. Il est donc important qu'il ait tous les éléments pour le guider dans ses choix et protéger notre planète, tout en assurant son développement économique.

J'ai pris beaucoup de plaisir à écrire ce livre car l'énergie est un sujet passionnant, présent dans la vie de tous les jours. J'espère que le lecteur en sera aussi convaincu et que cet ouvrage lui permettra d'élaborer sa propre opinion sur les différentes sources d'énergie et leur utilisation.

Remerciements

L'énergie est un sujet vaste et complexe dont on ne peut acquérir une vue d'ensemble qu'après de multiples interactions avec des gens d'expérience. J'ai eu l'occasion d'en rencontrer beaucoup, de multiples origines, et je souhaiterai tous les remercier pour les discussions fructueuses et enrichissantes qu'ils ont eu la gentillesse de m'accorder. Ces experts appartiennent aux grands organismes de recherche (CEA,

CNRS, IFP, BRGM...) à l'industrie (EDF, GDF, AREVA...), à l'ADEME, aux pouvoir publics, etc. Certains sont retraités et sont des mines de connaissances. Je remercie le club Ecrin-énergie qui est un lieu de rencontre entre les laboratoires et les industriels où l'on apprend toujours beaucoup de choses sur le sujet. Enfin, c'est surtout grâce au CEA que j'ai pu m'investir dans les questions énergétiques ; je souhaiterais remercier cet organisme d'excellence qui a des activités allant de la recherche la plus fondamentale à la recherche appliquée la plus avancée.

Christian Ngô

Chapitre 1

Notions de base

Sans énergie, pas de vie, pas d'activité économique. L'énergie nous est, comme l'eau et la nourriture, indispensable. Elle a joué un rôle fondamental dans l'évolution des civilisations. Elle a été source de guerres entre les peuples qui ont cherché, tout au long de l'histoire, à contrôler l'accès aux ressources énergétiques. Au XXe siècle, l'accès facile à des sources d'énergie abondantes, peu chères et concentrées a permis d'accélérer notablement le développement de l'humanité. L'apparition de l'électricité, vecteur énergétique très commode, a révolutionné l'usage de l'énergie et une maison moderne peut difficilement se concevoir sans électricité. Toutefois, malgré tous ces progrès, une partie encore trop importante de l'humanité ne peut malheureusement pas satisfaire tous ses besoins énergétiques. Depuis les âges les plus reculés, les besoins de l'être humain en matière d'énergie ont toujours augmenté. On est dans le règne du « toujours plus ! » même si on sent qu'on atteint aujourd'hui les limites d'une telle croissance. Il va nous falloir résoudre la difficile équation de « comment progresser sans consommer plus ».

Si tout le monde a une idée de ce qu'est l'énergie, on s'aperçoit, en y regardant de plus près que c'est une notion qu'il n'est pas aussi simple de définir. Ce concept a de multiples facettes et celle qui nous intéresse ici en est un aspect particulier que nous allons maintenant préciser.

1.1 QU'EST-CE QUE L'ÉNERGIE ?

Les scientifiques ont constaté que les processus élémentaires (phénomènes physiques, réactions chimiques, processus biologiques, etc.) qui gouvernent notre monde macroscopique (objets et êtres vivants) sont régis par une loi dans laquelle une quantité, que l'on appelle *énergie*, est conservée pour un système isolé. Cette loi à une origine profonde puisqu'elle est associée à l'*uniformité du temps*. En termes simples, cette propriété traduit le fait que les résultats d'une expérience ne dépendent pas de la date à laquelle elle a été réalisée pour autant que celle-ci soit faite exactement dans les mêmes conditions[1].

Si l'énergie est une quantité physique parfaitement définie pour le physicien, sa définition est beaucoup moins claire si l'on consulte un dictionnaire. Pour ce qui nous intéresse ici, disons, de manière pragmatique, qu'un système ou qu'un corps possède de l'énergie s'il peut fournir du *travail* ou de la *chaleur*.

Selon cette définition, l'essence contient de l'énergie puisque nous pouvons l'utiliser pour propulser un véhicule. Cette même essence, en brûlant, peut fournir de la chaleur.

Au niveau microscopique, l'énergie peut exister sous forme *organisée* ou *désorganisée*. Dans le premier cas il s'agit de *travail*, dans le second on parle de *chaleur*. La chaleur représente la forme la plus dégradée de l'énergie car elle est répartie sur tous les degrés de liberté du système que l'on considère et ceux-ci sont très nombreux[2].

La particularité de l'énergie est d'exister sous différentes formes : mécanique, chimique, chaleur, nucléaire... et l'on doit donc très souvent convertir une forme d'énergie en une autre. Ceci se fait avec un certain rendement, donc des pertes. Lorsque l'on passe d'une énergie désorganisée (chaleur) à une énergie organisée comme le travail, le

1. L'espace est aussi homogène et isotrope ce qui conduit respectivement à deux lois de conservation : celle de l'impulsion et celle du moment cinétique. L'homogénéité (isotropie) de l'espace traduit le fait qu'une expérience donne le même résultat si l'on fait une translation (ou une rotation) du système expérimental.

2. Dans une vingtaine de gramme d'eau, soit un petit verre, le nombre de degrés de liberté des molécules d'eau est un multiple du nombre d'Avogadro ($\mathcal{N} = 6{,}02 \times 10^{23}$). Il y a donc plus de 10^{24}, i.e. plus d'un million de milliards de milliards de molécules. La chaleur contenue dans cette eau est partagée entre tous ces degrés de liberté. Chacun en possède donc très peu.

rendement est rarement très bon. C'est au cours des transformations, d'une forme à une autre, que l'homme récupère une partie qu'il exploite pour ses besoins. Ce n'est donc pas l'énergie contenue dans un corps qui est intéressante mais celle que l'on récupère lors d'une transformation.

Toutes les formes d'énergie n'ont donc pas toute la même qualité pour fournir du travail. Ainsi, une source chaude à 300 °C est bien plus performante pour fournir du travail qu'une source de chaleur à la température de 50 °C.

L'usage de l'énergie permet d'améliorer le bien être de l'homme en lui permettant de se nourrir, de se chauffer, etc. On distingue les *énergies primaires* des *énergies finales*. Une *énergie primaire* n'a subi aucune conversion entre la production et la consommation[3]. C'est le cas du pétrole, du charbon, du gaz naturel, de l'hydraulique, du bois, de l'énergie solaire et de l'énergie éolienne. L'*énergie finale*, fournie aux consommateurs, peut être utilisée pour satisfaire des besoins énergétiques ou non énergétiques.

Cette distinction entre primaire et secondaire peut avoir des conséquences sur les évaluations et comparaisons entre différentes sources comme on peut le voir dans la figure 1.1. Ainsi l'énergie nucléaire et l'hydraulique produisent, au niveau mondial, à peu près la même quantité d'électricité. Pour l'utilisateur ces deux sources ont donc la même production. Or les statistiques indiquent que l'énergic nucléaire a une contribution trois fois plus grande que l'hydraulique (figure 1.1). La raison vient de ce que l'hydraulique est une énergie primaire et l'électricité est produite avec un rendement proche de 100 %. L'électricité produite par le nucléaire n'est par contre pas comptabilisée comme énergie primaire, celle-ci étant l'énergie libérée lors de la fission de l'uranium. Le rendement de production des centrales actuelles étant de 33 %, l'énergie nucléaire contribue donc 3 fois plus que l'hydraulique si l'on parle d'énergie primaire et au même niveau si l'on parle d'énergie utilisable par le consommateur.

3. Le pétrole brut est une énergie primaire alors que l'essence ou le gasoil obtenus par transformation sont des énergies secondaires. L'électricité d'origine hydroélectrique ou photovoltaique est primaire, celle d'origine nucléaire est secondaire. Le charbon de bois (énergie secondaire) est obtenu à partir du bois (énergie primaire).

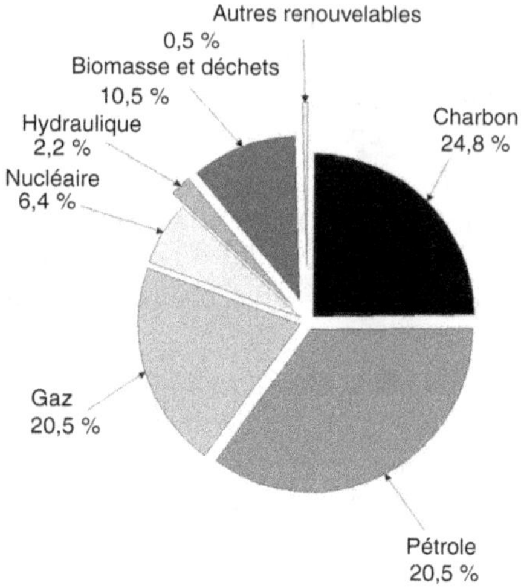

Figure 1.1 Consommation mondiale d'énergie primaire mondiale en 2004. Les erreurs d'arrondis font que la somme n'est pas exactement égale à100 %. (Source : *IEA, world energy outlook* 2006.)

1.1.1 Unités

L'unité d'énergie dans le système international est le *joule* (J). Pour des transformations macroscopiques, elle est très petite aussi utilise-t-on le kilojoule (kJ) ou le mégajoule (MJ). On a 1 kJ = 1 000 J et 1 MJ = 10^6 J. Le tableau 1.1 rappelle les principaux préfixes utilisés devant les unités.

Tableau 1.1 Préfixes utilisés.

Préfixe	× par	Symbole	Préfixe	× par	Symbole
yocto	10^{-24}	y	yotta	10^{24}	Y
zepto	10^{-21}	z	zetta	10^{21}	Z
atto	10^{-18}	a	exa	10^{18}	E
femto	10^{-15}	f	pecta	10^{15}	P
pico	10^{-12}	p	tera	10^{12}	T
nano	10^{-9}	n	giga	10^{9}	G
micro	10^{-6}	μ	mega	10^{6}	M
milli	10^{-3}	m	kilo	10^{3}	k
centi	10^{-2}	c	hecto	10^{2}	h
déci	10^{-1}	d	deca	10^{1}	da

Pour les énergies mises en jeu au niveau des atomes, des molécules ou des noyaux, qui sont les entités constituant la matière, on utilise plutôt l'*électronvolt* (eV) et ses multiples. On a 1 eV = $1{,}6 \times 10^{-19}$ J. Les énergies mises en jeu dans les réactions chimiques élémentaires sont de l'ordre de quelques eV, celles dans les réactions nucléaires sont supérieures au MeV, soit plus d'un million de fois plus. Ces valeurs élémentaires paraissent très petites mais il y a un grand nombre de réactions élémentaires dans les processus qui se font à notre échelle. Rappelons que 16 grammes de méthane (une mole), constituant essentiel du gaz naturel, contiennent $\mathcal{N} = 6{,}02 \times 10^{23}$ molécules.

La puissance est une quantité d'énergie par unité de temps. L'unité de base est le *watt* (1 W = 1 J/s). Dans le domaine de l'énergie on emploie souvent le mégawatt (1 MW = 10^6 W), le gigawatt (1GW = 10^9 W) et le térawatt (1 TW = 10^{12} W)[4].

Dans le domaine électrique on utilise aussi comme unité d'énergie le watt-heure (Wh) et ses multiples. Le watt-heure représente une énergie de 1 J/s pendant 1 heure, soit : 1 Wh = 3 600 J et 1 kWh = $3{,}6 \times 10^6$ J. Il ne faut donc pas confondre le kWh qui est une quantité d'énergie avec le kW qui est une unité de puissance. On emploie le MWh (1 MWh = 10^6 Wh), le GWh (1 GWh = 10^9 Wh) et le TWh (1 TWh = 10^{12} Wh).

1.1.2 Équivalences

Pour comparer différentes sources d'énergies, il est d'usage de les rapporter à l'énergie fournie par le pétrole brut. Pour cela on utilise une unité, la tep (tonne équivalent pétrole), dont la valeur est fixée, par convention, à 10^{10} calories (1 calorie = 4,18 J) $\simeq$ 42 GJ ($\approx$ 11 700 kWh)[5] [3]. En fait l'équivalence 42 GJ $\simeq$ 11 700 kWh cor-

4. Le *cheval vapeur* (1 CV = 736 W) est une vieille unité, introduite par J.Watt, maintenant abandonnée. Elle était basée sur le travail que peut accomplir un cheval particulièrement vigoureux si bien que la puissance d'un cheval vapeur équivaut à peu près à celle de 3 chevaux normaux [2]. Un peu avant le début du 20e siècle, il fallait entretenir 16 500 chevaux pour assurer le fonctionnement des 38 lignes de tramways de Paris. (http://fr.wikipedia.org/wiki/Cheval-vapeur).

5. Nous conseillons au lecteur de se procurer trois petits fascicules relatifs à l'énergie : *Informations utiles*, *Mémento sur l'énergie* et *Electronuc*, édités par le CEA. Ils contiennent une mine d'informations et de données sur l'énergie. Ils sont gratuits et il suffit d'en faire la demande à l'adresse suivante : CEA/DCOM, Service éditions multimédia/documentation, BP n° 6, Bât.11, Route du Panorama, 92 265 Fontenay-aux-Roses.

respond à une conversion directe entre le joule et le kWh, donc avec un rendement de 100 %. Dans les conversions faites en pratique, on inclus la notion de rendement de la centrale ce qui conduit à 1 MWh = 0,26 tep lorsque l'électricité est produite par une centrale nucléaire (rendement 33 %), à 1 MWh = 0,86 tep pour une centrale géothermique (rendement de 10 %) et à 1 MWh = 0,086 tep pour l'électricité produite par une centrale thermique, du photovoltaïque, etc. (rendement de 100 %). C'est ce qui explique que 1 000 kWh d'électricité représentent 0,0857 tep s'ils sont produits par l'hydraulique et 0,26 tep s'ils le sont par les réacteurs nucléaires et d'où le facteur 3 dont nous avons parlé plus haut.

Lorsque l'on parle de combustion, on peut se référer au pouvoir calorifique inférieur (PCI) ou au pouvoir calorifique supérieur (PCS). Le PCS inclut la chaleur latente de la vapeur d'eau produite lors de la combustion alors que le PCI ne l'inclut pas. Comme on ne récupère habituellement pas cette chaleur latente dans les usages courants, on parle plutôt de PCI et la tep est définie selon cette convention. Le pouvoir calorifique du pétrole brut varie légèrement d'un gisement à l'autre ; il est également différent pour les produits pétroliers raffinés (1 tonne d'essence = 1,048 tep, 1 tonne GPL = 1,095 tep, 1 tonne de fioul lourd = 0,952 tep [3]).

Le charbon a un pouvoir calorifique moins élevé que le pétrole, typiquement compris entre 0,6 à 0,75 tep selon sa qualité (houille, coke, anthracite, etc.). On définit parfois, par convention, le tec (tonne équivalent charbon) dont l'équivalence est 1 tec = 0,697 tep [3]. Le gaz naturel a un pouvoir calorifique légèrement supérieur à celui du pétrole puisqu'une tonne de gaz naturel liquide vaut 1,096 tep (1000 m^3 valent 0,857 tep) mais 1000 m^3 de gaz naturel 0,857 tep.

1.2 ÉNERGIE ET DÉVELOPPEMENT

L'énergie a toujours été un élément majeur dans le développement de l'humanité. Sa consommation a rapidement augmenté depuis l'ère industrielle, particulièrement au cours du vingtième siècle. Toutefois, le développement énergétique a été, dans le passé, un processus lent. Celui que nous vivons actuellement est singulièrement accéléré comparé à celui qu'ont vécu nos ancêtres lors des derniers millénaires. L'histoire de l'énergie est passée par une succession de découvertes qui ont progressivement permis d'améliorer la condition humaine jusqu'à celle que nous connaissons aujourd'hui. Pendant des millénaires l'homme s'est contenté d'une puissance de quelques centaines de watts, d'abord avec sa seule force physique puis en exploitant celle des animaux. Rappelons-en brièvement les premières étapes [4].

La première consommation énergétique de l'homme est bien sûr la nourriture. Elle lui permet de vivre et d'assurer ainsi sa descendance. Ce besoin indispensable doit être complété par d'autres formes d'énergie qui ont pris une part de plus en plus importante au cours de l'évolution de l'humanité.

Il y a 500 000 ans environ, l'homme a découvert et maîtrisé le feu. Celui-ci lui a fourni la lumière pour voir la nuit et effrayer les animaux, la chaleur pour lutter contre le froid et faire cuire ses aliments. Pour alimenter ce feu de manière plus efficace, l'homme a inventé le charbon de bois il y a environ 7 000 ans, ce qui lui a permis de développer de nouvelles techniques : poterie, métallurgie du plomb et du cuivre, fabrication du plâtre et de la chaux… Puis, il y a environ 3 000 ans, il a découvert la métallurgie du fer.

Tant que l'homme s'est nourri de chasse et de cueillette, sa seule force physique, alliée à son intelligence et son habilité, et le feu ont suffi. Mais, lorsqu'il s'est sédentarisé, de nouveaux besoins énergétiques sont apparus pour travailler la terre de manière plus efficace, pour moudre le grain… Il a trouvé ces sources d'énergie dans la force des animaux domestiques et dans celle des esclaves. Ce besoin de main d'œuvre servile explique les conquêtes de l'empire romain, par exemple. Plus tard, les énergies renouvelables ont en grande partie remplacé les esclaves.

Les transports sont l'autre volet du besoin d'énergie dont ont eu besoin nos ancêtres. Ils sont au cœur des civilisations d'aujourd'hui. Les premiers transports se sont fait à dos d'homme et d'animal. Puis, la voile, utilisant l'énergie du vent, est employée dans le transport maritime. Le charbon a permis d'utiliser les locomotives à vapeur et l'essence les voitures.

Si, pour les pays industrialisés, la demande en énergie, après avoir fortement augmentée, se stabilise et diminuera sans doute légèrement grâce à une meilleure *efficacité énergétique*[6], celle des pays en voie de développement est en pleine croissance. Ces derniers aspirent en effet à atteindre le niveau économique des pays développés et ont, pour cela, besoin d'énergie.

6. L'efficacité énergétique est d'autant meilleure que l'on peut faire la même chose, ou plus, avec moins d'énergie.

On estime qu'il y avait 5 millions d'habitants sur la terre – 10 000 ans avant Jésus-Christ, 250 000 millions en l'an 1. Le premier milliard d'habitants a été atteint en 1820 et il a fallu seulement 105 ans pour que la population double et atteigne, en 1925, les deux milliards d'habitants. Cette progression s'est encore fortement accélérée avec 3 milliards d'habitants en 1961 et 4 milliards en 1976. Les 6 milliards d'habitants ont été atteints en l'an 2000 et nous dépassons maintenant les 6,5 milliards d'habitants. Les démographes prévoient, s'il n'y a pas de catastrophe, que la population de la terre sera de 8 milliards vers 2020-2025. Pour la fin du siècle, les incertitudes sont grandes et la population mondiale sera sans doute inférieure à ce qui avait été prévu il y a une dizaine d'années. Elle pourrait être de l'ordre de 10 milliards d'habitants[7]. L'augmentation de la population accroît la demande énergétique.

En 2004, la consommation mondiale d'électricité a été de 17 400 TWh pour une population de 6,4 milliards d'individus. La consommation moyenne est de 2 700 kWh/habitant/an mais ce chiffre ne reflète pas la situation réelle dans laquelle plus de 4 milliards de personnes sont au-dessous de cette valeur. La consommation électrique intérieure de la France a été, en 2004, de 477 TWh, dont 32 TWh de pertes [5], ce qui représente (pour une population française d'environ 61 millions d'habitants) une consommation moyenne de l'ordre de 7 800 kWh/habitant/an.

L'espérance de vie semble en partie corrélée à la consommation d'énergie électrique qui donne un ordre de grandeur du niveau de vie des pays. Elle chute brusquement (elle peut descendre jusqu'à 36,5 ans) lorsque l'énergie consommée est inférieure à environ 1 600 kWh/habitant/an. À la fin du siècle dernier, 3,5 milliards d'habitants disposaient de moins de 875 kWh/habitant/an dont 2,2 milliards de moins de 440 kWh/habitant/an et 1 milliard de moins de 260 kWh/habitant/an [6]. Le taux de mortalité infantile augmente aussi fortement lorsque la puissance consommée, toutes énergies confondues, est inférieure à environ 4 400 kWh/habitant/an [6].

Donnons quelques ordres de grandeur supplémentaires montrant la conséquence sur l'espérance de vie des inégalités dans l'accès à l'éner-

7. Une population mondiale de 8 milliards en 2020 représente une croissance moyenne de 1,4 % depuis l'an 2000. Si l'on appliquait ce taux de croissance sur 1 000 ans, par exemple, on trouverait 6,5 millions de milliards d'habitants, ce qui est, bien sûr, tout à fait irréaliste. Pour atteindre seulement 50 milliards d'habitants dans 1000 ans, il faudrait un taux de croissance de 0,2 %. Inversement, un taux de décroissance de 0,2 % aurait pour conséquence de faire passer la population mondiale de 6 milliards à 810 millions d'habitants en mille ans.

gie. 80 % de l'énergie mondiale est consommée par 20 % des habitants de la planète : ils ont une espérance de vie supérieure à 75 ans. 60 % de la population consomme 19 % de l'énergie mondiale et l'espérance de vie est supérieure à une cinquantaine d'année. Il reste 20 % de la population mondiale qui consomme 1 % de l'énergie : son espérance de vie est inférieure à 40 ans.

En 1796, avec 28 millions d'habitants, la France consommait en moyenne 0,3 tep/habitant/an. En 1996, soit 200 ans plus tard, cette consommation était de 4,15 tep/habitant/an. Elle a été multipliée par 14 par français et par 28 pour la France car la population a doublé dans l'intervalle. Ceci correspond à une croissance moyenne de 1,3 %/an et, pour la France, de 1,75 %/an. Actuellement, la croissance prévue au niveau mondial est de 2-2,5 %/an. En 200 ans, l'espérance de vie est passée de 27,5 ans pour les hommes en 1780-89 à 73,5 ans en 1994 alors qu'elle passait de 28,1 ans à 81,8 ans pour les femmes. En 2006, l'espérance de vie d'un français était de 80 ans.

L'évolution du PIB (produit intérieur brut) par habitant donne une estimation de la richesse des individus. Il a augmenté de 0,2 % par an entre 1400 et 1820, ce qui correspond, en 420 ans, à une multiplication par 2,3 de la richesse. Depuis 1950, cet augmentation est de 2,8 % par an soit une multiplication par 4 des richesses en 50 ans.

Il ne faut pas gaspiller l'énergie car si elle est bon marché aujourd'hui[8], il est fort possible que ce ne soit plus le cas demain. Il faut préparer l'avenir en envisageant les différentes sources possibles tout en tenant compte des aspects économiques, politiques, de sûreté d'approvisionnement et environnementaux. Il faut en particulier évoluer vers un vrai coût de l'énergie qui inclut ce que les économistes appellent les externalités (pollutions, effet de serre, restauration des sites, etc.). Celles-ci ne sont généralement pas prises en compte sauf dans de rares cas comme l'énergie nucléaire.

1.3 LE SOLEIL

Le soleil est une étoile sphérique qui est source de vie car elle nous fournit la plus grande partie de l'énergie que nous utilisons. En effet, à part l'énergie géothermique et l'énergie nucléaire, toutes les énergies viennent du soleil.

8. Le « baril » de certaines eaux minérales vaut encore environ 140 $ soit 2 fois plus cher qu'un baril de pétrole à 70 $.

Le soleil a un rayon de 696 000 km et une masse de l'ordre de $1{,}99 \times 10^{30}$ kg. Sa température en surface est de 5 780 K[9]. Selon le « modèle standard solaire », admis par l'ensemble de la communauté scientifique, elle augmente fortement lorsque l'on s'enfonce dans le soleil pour atteindre 15,6 millions de degrés au centre. Cette étoile est formée (en masse) de 71 % d'hydrogène[10], 27 % d'hélium et 2 % d'éléments lourds comme le carbone, l'oxygène et le fer. La densité et la pression au centre sont respectivement de 148 000 kg/m^3 pour la première et $2{,}29 \times 10^{16}$ Pa pour la seconde ($2{,}3 \times 10^{11}$ fois la pression atmosphérique).

Le soleil s'est formé il y a 4,55 milliards d'années de la contraction gravitationnelle d'un nuage constitué d'hydrogène, d'hélium et de traces d'autres éléments chimiques [7]. Ce processus a été rapide jusqu'à ce que les atomes du nuage soient ionisés. L'énergie ne pouvait plus s'échapper de celui-ci et il s'est lentement contracté. La moitié de l'énergie gravitationnelle libérée a été convertie en radiations et l'autre moitié a servi à chauffer le nuage. La contraction a continué et le nuage s'est échauffé. Lorsque la température fut proche du million de Kelvins, les réactions de fusion thermonucléaire entre l'hydrogène et les éléments légers, deutérium, lithium, béryllium et bore, s'amorcèrent. Comme les éléments légers étaient en faible proportion, la libération d'énergie a été limitée mais a permis de former un gaz à très haute température et d'amorcer des réactions de fusion entre l'hydrogène, ou plus précisément les protons, qui étaient en grande quantité.

La majorité des réactions thermonucléaires ont lieu au centre du soleil dans un volume correspondant à celui d'une sphère dont le rayon n'est que d'environ 20 % de celui du soleil [8]. Elles lui fournissent l'énergie et conduisent à la formation de noyaux d'hélium, ^{4}He, qui est un élément particulièrement stable. Dans le soleil, l'hydrogène est consommé dans les réactions de fusion qui font intervenir, dans une première étape, l'interaction entre deux protons[11]. Il faut, au total,

---

9. La valeur de cette température fait qu'une grande part du rayonnement émis se trouve dans le visible. La puissance rayonnée par le soleil est d'environ 4×10^{26} W.

10. Soit plus de 90 % en nombre d'atomes.

11. Lors des réactions de fusion des neutrinos (ν_e) et des photons (γ) sont créés. La probabilité pour qu'un neutrino formé au centre du soleil sorte de celui-ci sans interaction est de 10^{-9}, ce qui signifie qu'un seul neutrino sur un milliard interagit avant de sortir. Il est par contre beaucoup plus difficile à un photon de sortir du soleil par suite des interactions successives qu'il va subir. Un photon formé à l'intérieur du soleil va mettre environ 50 000 ans pour s'échapper de celui-ci.

4 protons pour conduire à un noyau d'hélium. Ces réactions de fusion se classent en trois familles. La première[12] se produit dans 85 % des cas et libère 26,2 MeV. La deuxième famille dans 15 % des cas libérant 25,7 MeV. Enfin, une troisième famille de réactions se produit dans seulement 0,02 % des cas et libère 19,1 MeV.

L'énergie libérée en moyenne par proton lors d'une fusion est de 15 MeV. La première réaction de chacune des familles correspond à une interaction entre deux protons. La probabilité pour que deux d'entre-eux réagissent est très faible ; parmi les 3×10^{31} m^{-3} protons présents, il n'y en a que 5×10^{13} m^{-3}/s qui conduisent à la fusion. La puissance libérée est de 120 W/m^3, soit 10 fois moins que la puissance qu'utilise le corps humain pour se maintenir en vie ($\simeq$ 1 400W/m^3) [7].

Lors de la fusion, c'est la première interaction entre deux protons qui est la plus lente et qui gouverne le processus. Il faut environ 5 milliards d'années pour qu'un proton (^1H) fusionne avec un autre proton [7] pour produire un deuton (^2H). Il ne faut qu'environ une seconde pour que le deuton formé lors de cette réaction réagisse avec un proton pour former un ^3He. Il faudra environ 300 000 ans pour que deux ^3He se rencontrent et forment un noyau d'hélium, ^4He. Cette faible probabilité d'interaction a pour conséquence que la densité de puissance émise dans l'espace par le soleil est très faible : 200 nW/g, soit 7 000 fois moins que l'énergie mise en jeu par l'activité métabolique d'un être humain ($\simeq$ 1,4 mW/g))[13].

Pour le soleil, l'hydrogène n'est pas une énergie renouvelable. Ce carburant s'épuise peu à peu et, dans environ 5 milliards d'années, le soleil deviendra une « géante rouge ». La partie centrale du cœur se contractera et s'échauffera jusqu'à ce que la température et la densité de matière soient suffisamment grandes pour que la fusion thermonucléaire de l'hélium démarre. Parallèlement, la partie externe du soleil sera en expansion pour former une « géante rouge ». La terre sera détruite au cours de cette expansion [9].

12. $^1H + {}^1H \longrightarrow {}^2H + e^+ + \nu_e$
$^1H + {}^2H \longrightarrow {}^3He + \gamma$
$^3He + {}^3He \longrightarrow {}^4He + 2\,{}^1H$.

13. Le métabolisme d'un enfant, qui demande plus d'énergie que celui d'un adulte, est d'environ 3 mW/g. Pour une bactérie il peut atteindre 100 W/g [1].

1.4 CONSOMMATION ÉNERGÉTIQUE

Les différentes sources d'énergie primaire que nous pouvons utiliser sont les ressources fossiles et minérales (charbon, pétrole, gaz, uranium...) et les énergies renouvelables (hydraulique, solaire, éolien, biomasse, géothermie...). Le problème de certaines sources est leur disponibilité et leur coût.

Il y a seulement 200 ans, les hommes n'utilisaient que des énergies renouvelables : bois pour le chauffage, traction animale pour les transports, chutes d'eau et vent pour l'énergie mécanique. Au cours du XIXe siècle, on utilise le charbon et l'on invente la machine à vapeur. Au XXe siècle, le pétrole, le gaz et le nucléaire sont exploités.

La consommation totale d'énergie (commerciale et non commerciale) dans le monde a été, en 2004, de 11,2 Gtep. Les combustibles fossiles (pétrole, charbon, gaz) couvraient plus de 80 % des besoins (*cf.* tableau 1.2). L'importance des combustibles fossiles se voit aussi visuellement sur la figure 1.1.

Au niveau de la France, la figure 1.2 montre la croissance de la consommation d'énergie primaire entre 1960 et 2000. On voit qu'elle a triplé entre 1960 et 2000 soit une croissance moyenne pour cette période de 2,82 %. En 2005, elle était de 276,3 Mtep. Il y a toutefois des pertes énormes entre l'énergie primaire et l'énergie finale utilisée par

Tableau 1.2 Consommation d'énergie primaire commerciale dans le monde en 2004. Les erreurs d'arrondis font que la somme n'est pas exactement égale à 100. (Source : *World energy outlook* 2006, IEA).

Énergie	Gtep	%
Pétrole	3,940	35,2
Gaz	2,302	20,5
Charbon	2,773	24,8
Nucléaire	0,714	6,4
Hydraulique	0,242	2,2
Biomasse et déchets	1,176	10,5
Autres renouvelables	0,057	0,5
Total	11,204	100

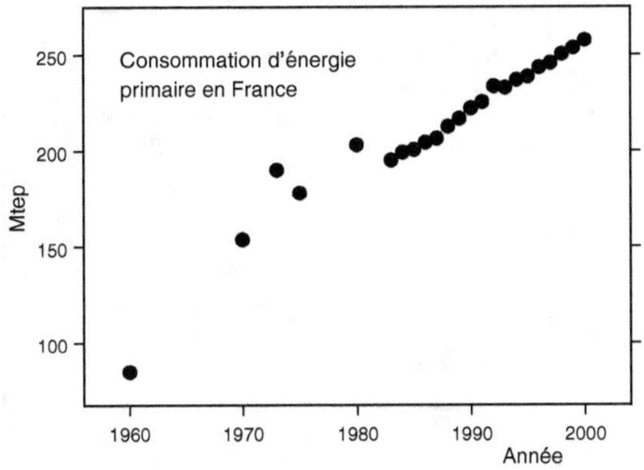

Figure 1.2 Évolution de la consommation d'énergie primaire en France. [5]

le consommateur. Ainsi, en France en 2005, l'énergie finale était de 160,6 Mtep, soit 68 % de l'énergie primaire. La répartition de la consommation d'énergie en France, pour les différentes sources, est indiquée dans le tableau 1.3 pour l'année 2004 [11].

L'électricité est de plus en plus utilisée. La figure 1.3 montre l'évolution de la consommation électrique intérieure en France jusqu'en 2000 [5]. Elle a été multipliée par 6,125 entre 1960 et 2000, soit une croissance moyenne de 4,64 % par an. Entre 1970 et 2000, la consommation est passée de 140 TWh à 441 TWh (482 TWh en 2005). Il fallait donc, dans les années 70, prévoir de nouveaux moyens de production de l'électricité. En 1960, la grande hydraulique produisait 56 % de

Tableau 1.3 Consommation d'énergie primaire en France pour l'année 2000. Compte tenu des arrondis, il y a un petit écart sur les totaux. Source DGEMP [11].

Source	Mtep	%
Charbon	13	4,7
Pétrole	93	33,6
Gaz naturel	40	14,6
Électricité (nucléaire + renouvelables)	117	42,5
Énergies renouvelables thermiques	13	4,6
Total	276	100

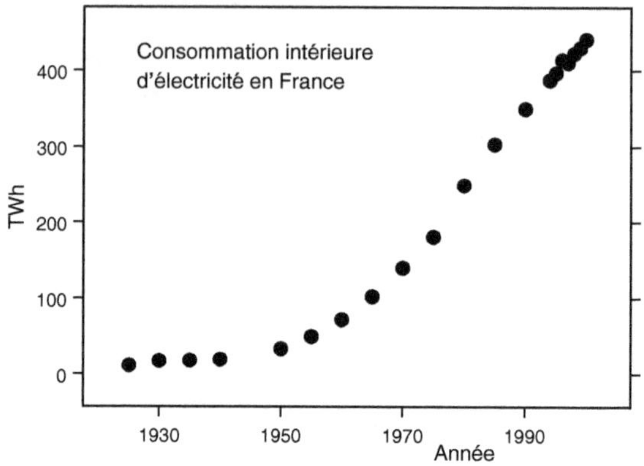

Figure 1.3 Évolution de la consommation intérieure d'électricité en France [5].

l'électricité française mais les sites possibles étaient pratiquement tous utilisés. Le charbon et le pétrole ont pris la relève avant que le nucléaire ne soit choisi après le choc pétrolier de 1973. Cela a amélioré notre balance des paiements car il aurait fallu sortir des devises pour payer les importations de combustible (cela correspondrait à environ 1000 € par français et par an, pour un prix du baril égal à 80 $, pour acheter le pétrole nécessaire pour produire l'électricité dans des centrales thermiques au fuel).

Le tableau 1.4 montre la répartition de la consommation énergétique finale corrigée du climat en 2005 pour l'énergie finale totale et l'élec-

Tableau 1.4 Répartition de la consommation d'énergie totale finale et de l'électricité selon les différents secteurs économiques. Les erreurs d'arrondis peuvent conduire à une somme totale légèrement différente. (Source [11] et [5]).

	Énergie finale totale		Électricité	
Secteur	**Mtep**	**%**	**TWh**	**%**
Industrie	37,7	23,4	135,8	32,0
Agriculture	2,9	1,8	3,4	0,8
Résidentiel tertiaire	69,8	43,4	246,4	64,3
Transports	50,4	31,3	10,4	2,8
Total	160,7	100	423,7	100

tricité. L'énergie finale totale est de 160,7 Mtep qu'il faut comparer aux 276,2 Mtep d'énergie totale primaire consommée en 2005. L'électricité représente 42,5 % de l'énergie totale primaire consommée.

Au siècle prochain, le monde sera confronté à deux problèmes principaux. Le premier concerne les réserves des énergies fossiles bon marché ; le second est relatif à l'effet de serre.

1.5 L'EFFET DE SERRE

Sans l'effet de serre, la température moyenne de notre planète serait à – 18 °C. Grâce à ce phénomène, elle est de 15 °C. Il représente[14] en moyenne 150 W/m^2. Depuis le début de l'ère préindustrielle, l'effet de serre a augmenté de 2,45 W/m^2, soit de 1 % de l'énergie rayonnée par notre planète. Ceci a eu pour conséquence d'accroître la température moyenne, entre 1850 et 1995, d'environ un demi degré. Cette augmentation est préoccupante.

La vapeur d'eau est le gaz qui a la plus grosse influence sur l'effet de serre (60 à 70 % de l'effet). Néanmoins, la quantité rejetée par l'hom-

14. À l'entrée de l'atmosphère terrestre, perpendiculairement à l'axe terre-soleil, la puissance reçue du soleil est actuellement en moyenne de 1 367 Wm^{-2}, quantité que l'on désigne sous le nom de *constante solaire*. L'intensité moyenne reçue sur la terre se calcule en remarquant que si la surface de la terre, qui est une sphère de rayon R, vaut $4\pi R^2$, le soleil ne voit qu'un disque dont la surface vaut πR^2. La puissance moyenne reçue sur la terre est donc égale au quart ($\pi R^2/4\pi R^2 = 1/4$) de la constante solaire, soit environ 340 W/m^2.

Le bilan radiatif de notre planète, en équilibre avec le soleil, se traduit par le fait que l'énergie reçue du soleil est égale à celle émise par la terre. Pour calculer cela, on utilise la loi de Stephan qui dit que l'énergie ε émise par unité de surface d'un corps porté à la température T vaut $\varepsilon = \sigma T^4$, soit approximativement $\varepsilon = (\frac{T}{64,5})^4$ W/m^2, où σ est une constante ($\sigma = 5,674 \times 10^{-8}$ Wm^{-2}K^{-4}). Sur les 340 W/m^2 qui arrivent en moyenne du soleil, près de 30 % sont réfléchis (100 W/m^2) vers l'espace et 240 W/m^2 sont absorbés par notre planète (70 %). Sur ces 240 W/m^2, 70 W/m^2 sont absorbés par l'atmosphère (environ 20 %) qui est réchauffée, et le reste (170 W/m^2 soit 50 %) chauffe le sol continental ou océanique.

Si la température de la terre était de -18 °C, soit 255,16 K, son émission serait de 240 W/m^2. Grâce à l'effet de serre, la température moyenne est de $+15$ °C ce qui conduit à une émission de 390 W/m^2. Comme 240 W/m^2 doivent être émis dans l'espace pour respecter l'équilibre énergétique terre-soleil, cela signifie que 150 W/m^2 sont absorbés par l'atmosphère par l'effet de serre.

me ne fait pas varier de façon sensible sa concentration dans l'atmosphère et le cycle de l'eau est très rapide [10]. Ce n'est pas le cas d'autres gaz comme le gaz carbonique (CO_2), le méthane (CH_4) et le protoxyde d'azote (N_2O). Les composés halogénés (CFC, halons[15]...) sont rejetés en quantité moindre et leur impact est plus faible. En revanche, leur durée de vie est plus importante. Ces composés halogénés jouent aussi un rôle important dans la destruction de la couche d'ozone qui nous protège des rayons ultraviolets nocifs. Des mesures ont été prises au niveau international pour en limiter l'usage (Convention de Vienne en 1985, puis protocole de Montréal en 1987). Malgré celles-ci, il faudra encore quelques décennies pour restaurer la couche d'ozone à son niveau des années 1970.

De manière quantitative, l'augmentation de l'effet de serre se répartit de la façon suivante : 1,56 Wm^{-2} pour le CO_2[16], 0,5 Wm^{-2} pour le CH_4, 0,14 Wm^{-2} pour le N_2O et 0,25 Wm^{-2} pour les CFC. Les combustibles fossiles rejettent tous du CO_2 par combustion, puisqu'ils contiennent du carbone. Une meilleure gestion de la combustion et le choix du combustible fossile (par exemple, pour une même quantité d'énergie fournie, la combustion du gaz naturel émet environ deux fois moins de CO_2 que celle du charbon) peut optimiser l'émission de gaz à effet de serre mais on ne pourra jamais la faire disparaître complètement car la combustion des composés carbonés donne toujours du gaz carbonique. Les énergies renouvelables et le nucléaire, par contre, ne contribuent pas, en fonctionnement, à accroître l'effet de serre.

L'augmentation des émissions anthropiques[17] de gaz à effet de serre au rythme actuel pourrait avoir de graves conséquences sur l'environnement comme le prédisent certains modèles [10]. Plusieurs scénarios ont été proposés pour évaluer la température moyenne en 2100. Ils conduisent à un réchauffement moyen compris entre 2 °C et 6 °C. Les valeurs hautes auraient des conséquences dramatiques sur l'environnement avec notamment la montée du niveau de la mer, l'apparition de

15. Les CFC (chlorofluorocarbures) sont des composés carbonés dans lesquels des atomes d'hydrogène ont été remplacés par des atomes de chlore et/ou de fluor. Dans les halons, des atomes d'hydrogène ont été remplacés par des atomes de brome et/ou de fluor.

16. Depuis le début de l'ère industrielle, la concentration en CO_2 a augmenté de 28 %, en passant de 280 ppm (parties par million) en volume au début de cette ère à 358 ppm en 1994 [12]. L'augmentation se fait au rythme de 1,5 ppm par an. À titre de comparaison, pendant la même période, la concentration atmosphérique de CH_4 a augmenté de 145 % et celle de N_2O de 15 % [12].

17. C'est-à-dire dues à l'homme.

maladies tropicales pour certains pays qui n'en n'ont pas aujourd'hui...[10]. Le Giec[18] prédit ainsi, sur la base de modèles, que le niveau des mers pourrait s'élever de 15 à 95 cm en 100 ans, que 95 % des glaciers européens disparaîtraient, que le régime de précipitations pourrait être modifié (il y aurait de fortes pluies sur l'Europe), que des perturbations importantes (cyclones, ouragans, tornades...) seraient plus fréquentes, *etc.* Ces prédictions sont suffisamment inquiétantes pour que l'on recherche, au niveau mondial, un accord pour limiter l'émission des gaz à effet de serre. La conférence de Kyoto, en décembre 1997, a permis une amorce dans ce sens, bien que les experts la jugent encore bien timide.

1.6 CONCLUSION

Deux facteurs concourent à une demande énergétique plus forte dans l'avenir. Ce sont l'accroissement de la population mondiale et le fait que les pays en voie de développement souhaitent accroître leur niveau de vie. En prenant une croissance énergétique annuelle mondiale de 2 à 2,5 % par an, cela revient à doubler la consommation énergétique de la planète à l'horizon d'une trentaine d'année. Pour satisfaire à ces besoins supplémentaires, sans pour autant trop accroître l'effet de serre, il sera nécessaire de développer l'énergie nucléaire et les énergies renouvelables, qui ne représentent pour le moment que de l'ordre de 20 % de la consommation énergétique mondiale.

Chacune des sources d'énergie a des avantages et des inconvénients, en terme de coût, de sécurité d'approvisionnement, d'impact sur l'environnement... Il n'y a pas de solution universelle et le panachage permettant d'avoir la meilleure solution énergétique est spécifique à chaque pays.

La consommation d'énergie primaire reste et restera encore, pendant de nombreuses décennies, largement dominée par les combustibles fossiles, notamment le pétrole. Ils représentent près de 90 % de l'énergie commerciale (80 % si l'on inclut l'énergie non commerciale) et rien ne peut encore les remplacer ni quantitativement ni économiquement. Entre le début et la fin du XXe siècle, la consommation d'énergie primaire mondiale est passée d'environ un Gtep à une dizaine de Gtep. C'est grâce à cela que l'humanité a pu assurer son développement économique.

18. Groupe intergouvernemental sur l'évolution du climat.

Chapitre 2

Les énergies fossiles

Les énergies fossiles, qui comprennent le charbon, le pétrole et le gaz, sont issues de la matière vivante, végétale ou animale. Elles contiennent du carbone dont la combustion fournit de l'énergie et génère du gaz carbonique. La quantité de carbone contenue dans les énergies fossiles n'est qu'une très faible proportion de celui existant sur la terre [13]. On estime que la majeure partie de celui-ci (99,75 %, soit 2×10^7 milliards de tonnes) est stockée sous forme de carbonates dans les sédiments. Le reste, environ 0,25 % (50 000 milliards de tonnes de carbone), entre dans le cycle du carbone lié à la matière vivante. Une partie des 50 000 milliards de tonnes de carbone figure sous forme de gaz carbonique dans les mers profondes (34 500 milliards de tonnes) ou de carbone fossile (10 000 milliards de tonnes). Environ 1 200 milliards de tonnes de carbone se trouvent dans le gaz carbonique de l'atmosphère. Les vies terrestre et marine représentent, respectivement, environ 1 150 et 3 000 milliards de tonnes de carbone.

2.1 LE CHARBON

Le charbon s'est formé à l'époque du Carbonifère, période qui va de –345 à –280 millions d'années, à partir de végétaux engloutis par les eaux lors de bouleversements géologiques importants. Les végétaux se sont développés grâce à l'énergie solaire et le charbon a permis de stocker cette énergie. Ils se sont lentement décomposés à l'abri de l'air pour aboutir au minerai de charbon. Une épaisseur de 1 000 mètres de végétaux conduit, après une lente transformation, à 50 mètres de charbon [14]. Ce phénomène, qui s'est produit dans certaines régions du globe, s'est répété plusieurs fois, conduisant ainsi à des couches de charbon séparées par des couches de sédiments.

Les Chinois utilisaient le charbon pour cuire la porcelaine déjà mille ans avant Jésus-Christ [15]. Ce combustible n'a été utilisé que beaucoup plus tard en Europe avec, au début, quelques réticences. C'est sans doute aux environs du XIIe siècle qu'une minorité de gens ont commencé à brûler le charbon car le bois devenait rare et cher par suite de son utilisation massive pour le chauffage et dans les constructions terrestres et maritimes. L'introduction du charbon fut lente car on l'accusait de mille maux : il salissait, empoisonnait l'air et les poumons. Comme sa combustion sentait le soufre à cause du gaz sulfureux dégagé, on l'associait à ce qui touchait à la sorcellerie. Il fut même interdit à Londres par le roi d'Angleterre car il polluait trop. La diminution progressive des forêts fit que le charbon fut une énergie acceptée au XVIIe siècle : il constituait la seule alternative au bois pour assurer un développement économique. Il joua un rôle important dans la sidérurgie pendant la première moitié du XVIIIe siècle. Au début du XIXe siècle, on introduisit le gaz de ville et le charbon fut largement utilisé pour faire fonctionner les machines à vapeur.

Le charbon contient des matières organiques volatiles et du carbone en proportion variable. Plus il est ancien, plus il est riche en carbone. Les matières volatiles s'enflamment facilement mais dégagent moins de chaleur que le carbone qui, par contre, est plus difficile à brûler.

Le charbon le plus riche et le plus ancien est l'*anthracite* ; il contient 90 à 95 % de carbone. On en trouve par exemple en Russie. Difficile à enflammer, c'est un excellent combustible qui libère beaucoup de chaleur (8,4 à 9,1 kWh/kg).

La *houille* est un charbon dont la teneur en carbone est plus faible, allant de 70 à 90 %. Son pouvoir calorifique est moindre mais son prix aussi. Il s'enflamme plus facilement car il contient plus de matières volatiles. La houille a permis de produire le gaz de ville, mélange d'oxyde de carbone et d'hydrogène, pendant une longue période.

Le *lignite* a un pourcentage de carbone plus faible, inférieur à 50 %. C'est un charbon jeune, formé lors des ères secondaire et tertiaire, très présent dans le sol allemand. Il s'exploite à ciel ouvert et son utilisation est polluante.

La *tourbe* est le charbon le plus pauvre. Elle s'est formée à l'ère quaternaire. Elle contient peu de carbone et sa combustion est très polluante. On en trouve beaucoup en Irlande.

Pour le chauffage individuel et collectif, le meilleur charbon est l'anthracite. On utilise aussi des *boulets* fabriqués en chauffant un mélange de poussière de charbon et d'un liant comme le bitume. Initialement, leur combustion était très polluante mais on les traite maintenant par « défumage » à 350 °C.

Les *flambants* sont de très bons charbons pour la production d'électricité. On les qualifie ainsi parce qu'ils brûlent avec de longues flammes. Ils proviennent de Pologne, d'Afrique du Sud et d'Australie.

Les mines à ciel ouvert sont faciles à exploiter. Celles qui sont en profondeur ont des coûts d'investissement et d'exploitation plus élevés. Le niveau moyen d'exploitation varie d'une région à l'autre (100 m dans les Appalaches, 400 m en France, plus de 700 m dans la Ruhr [14]). Les rendements entre les mines faciles à exploiter et celles qui ne l'était pas variaient de 1 à 5 au début du XXe siècle. Aujourd'hui, la technologie a creusé cet écart puisque l'on a des rendements de 33 tonnes par homme et par jour dans les mines ouvertes des États-Unis et d'Australie contre 1 tonne dans certaines mines souterraines de Chine et d'Inde [14].

Au début du XXe siècle, le charbon était l'énergie fossile dominante. Il représentait plus de la moitié de la consommation énergétique mondiale en énergie primaire [14], le pétrole représentant 2 %, le gaz naturel 1 % et le bois et les autres énergies presque le quart. Même si sa contribution est encore importante, le charbon n'est plus la première source d'énergie. En 2000, il ne représentait plus que 25 % de la consommation d'énergie primaire commerciale.

La figure 2.1 montre l'évolution de la consommation française de charbon entre 1960 et 2000. On observe une lente décroissance alors que, pour la même période, celle du gaz augmente.

La France a extrait de son sous-sol jusqu'à 60,3 millions de tonnes de charbon en 1958. Cette production a baissé constamment et, en l'an 2000, elle n'a été que de 4,1 millions de tonnes. L'Allemagne, pays qui

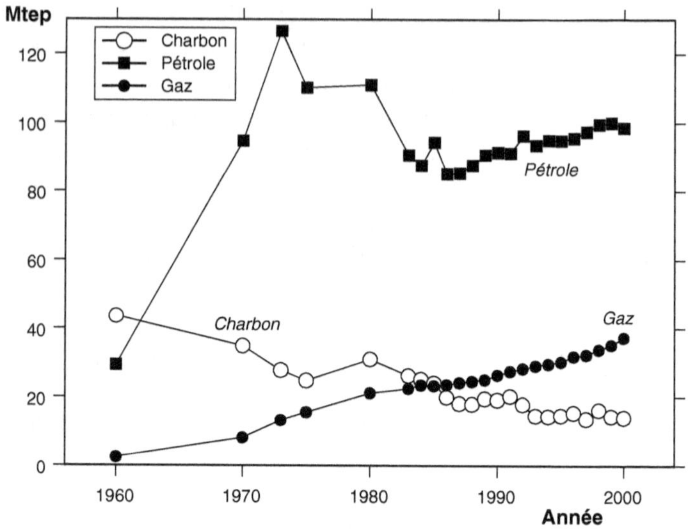

Figure 2.1 Évolution de la consommation de charbon, de pétrole et de gaz en France entre 1960 et maintenant. Source Mémento de l'énergie, CEA 2001.

se situe en bonne place aux niveau des réserves, produisait 51 % de son électricité en 1999 à partir du charbon.

Des progrès considérables ont été faits pour brûler le charbon (technique du lit fluidisé). Ceci permet d'augmenter le rendement de combustion et de diminuer les émissions. On peut utiliser des charbons riches en cendres ou à taux de soufre élevé avec des dispositifs permettant de limiter la pollution. Une centrale à charbon typique de 1 000 MW_e, qui produit 6,6 TWh/an d'électricité (6 600 heures de fonctionnement), consomme 6,5 Mt (millions de tonnes) d'oxygène, 2,52 Mt de charbon et rejette 7,8 Mt de CO_2, 40 000 tonnes de SO_2, 9 500 tonnes de NO_2 et 6 000 tonnes de poussières. Elle produit 450 000 tonnes de déchets solides [16]. Elle rejette aussi une radioactivité importante car le charbon contient des isotopes radioactifs naturels.

Le problème de la radioactivité contenue dans le charbon est une question que l'on n'évoque pas assez souvent. Celle-ci n'est pas négligeable et nous allons en donner quelques estimations tirées de la référence [17]. Le charbon contient de l'uranium et du thorium, ce dernier étant en quantité 2,5 fois plus importante. La concentration d'uranium peut aller de moins de 1 ppm (partie par millions) à 10 ppm avec une moyenne de 1,3 ppm pour l'uranium et de 3,2 ppm pour le thorium. On estime que les États-Unis ont relâché, en 1982, 801 tonnes d'uranium et 1 971 tonnes de thorium. Au niveau mondial, 3 640 tonnes d'uranium et 8 960 tonnes de thorium auraient été libérées au cours de cette même année. L'uranium et le thorium ont des descendants (radium, radon...) qui sont également radioactifs. À puissance égale, l'impact sanitaire de la radioactivité émise par une centrale à charbon est 100 fois supérieur à celui d'une centrale nucléaire. La radioactivité moyenne du charbon est de 156 000 becquerels/tonne[1]. L'impact de cette radioactivité sur l'homme est néanmoins négligeable comparé à la radioactivité naturelle. L'énergie nucléaire potentiellement contenue dans l'uranium et le thorium est supérieure à celle libérée par la combustion du charbon [17].

On peut aussi appliquer au charbon des techniques de *gazéification* ou de *liquéfaction*. Pour cette dernière, le but est de synthétiser des carburants liquides, mais ceux-ci ne sont pas encore compétitifs économiquement. Comme les réserves de charbon sont bien supérieures à celles du pétrole ou du gaz, ces méthodes seront néanmoins intéressantes lorsque ces combustibles fossiles se feront rares.

2.2 LE PÉTROLE

La formation du pétrole et du gaz est un processus complexe dont le rendement est très faible. Le pétrole s'est formé à partir du plancton qui s'est déposé au fond des mers. Les matières organiques, mélangées aux sédiments, se sont accumulées en couches qui se sont déposées à grande profondeur. Le rendement est faible puisque la plus grande partie du carbone, 99,9 %, est recyclée dans la chaîne alimentaire. Dans les eaux pauvres en oxygène, les matières organiques piégées se sont transformées, sous l'action de micro-organismes anaérobies, en macromolécules carbonées, le *kérogène*. Sous l'effet de la pression et de la température, le kérogène a subi un craquage thermique qui a éliminé l'azote et l'oxygène pour laisser des composés contenant du carbone et de l'hydrogène, le pétrole brut. Plus le craquage se fait à haute température, plus on obtient des chaînes carbonées courtes[2]. Celles-ci se trouvaient initialement au sein d'une roche

1. 1 becquerel est égal à une désintégration radioactive par seconde.

2. Le craquage se fait entre 1 000 m (60 °C) et 4 000 m (110-120 °C) de profondeur et nécessite des dizaines de millions d'années. À plus grande profondeur, où la température est plus élevée (120-140 °C) et la pression très forte (300-1 500 bars), le craquage ne conduit qu'au méthane [18].

appelée *roche mère*. Elle s'est fracturée sous l'effet de la pression, très forte, en expulsant des gouttelettes microscopiques de pétrole qui sont remontées et se sont arrêtées dans une roche réservoir. Le rendement de cette migration est faible car, en moyenne, 98 % du pétrole reste piégé dans la roche mère [18]. Par diffusion, le gaz a migré dans la partie supérieure, l'eau est restée dans la partie inférieure et le pétrole s'est mis entre les deux. Une nappe de pétrole n'est pas un lac mais une roche poreuse dont les interstices microscopiques contiennent du pétrole. Si la roche réservoir est recouverte par une couche imperméable, un gisement de pétrole se forme. La dispersion des gouttelettes de pétrole dans des porosités fait qu'on ne peut pas extraire l'intégralité du pétrole d'un puits. On en récupère habituellement 25 à 30 %[3] mais de nouvelles techniques devraient permettre d'aller jusqu'à 40 % voire plus [19]. La prospection pétrolière est très coûteuse. Le coût d'un forage va de 500 000 euros à 100 millions d'euros (15 millions d'euros en moyenne). On effectue en moyenne entre 20 000 et 100 000 forages dans le monde chaque année pour rechercher du pétrole [18]. Sur les 30 000 sites pétrolifères répertoriés, 1 % contiennent 75 % des réserves [18]. Le débit du puits est également un paramètre important. Le débit moyen des puits aux États-Unis est de 0,04 ℓ/s alors qu'il est de 7 ℓ/s au Moyen-Orient [18].

Le pétrole était déjà utilisé il y a 3 000 ans en Mésopotamie où l'on récupérait le bitume suintant du sol pour en faire du mortier, pour l'étanchéité des bateaux, des citernes... Le premier puits de pétrole, foré en 1859, marqua le début de la ruée vers l'or noir. La Standard Oil, créée par D. Rockefeller en 1870, contrôla 80 % de la production jusqu'en 1911, date à laquelle elle fût démantelée sous le coup de la loi antitrust américaine, donnant naissance à 34 compagnies. Alors que le prix du pétrole était resté stable pendant plusieurs décennies, il fut multiplié par 5 entre 1916 et 1920. Puis, à partir des années 1930 et pendant près de 40 ans, le prix du baril de pétrole brut se stabilisa entre 1 $ et 2 $ le baril[4]. Le pétrole s'est peu à peu imposé comme la source d'énergie la plus commode. C'est un liquide que l'on peut facilement transporter sur les routes tandis que le charbon, qui est un solide, est moins compact, et que le gaz ocupe un grand volume. Lors du premier choc pétrolier, en 1973, le prix du pétrole a été multiplié par 4. Ceci

---

3. Si l'on n'utilise que la pression naturelle du gisement, le taux de récupération n'est que de 10 % en moyenne. Avec une récupération assistée, on atteint de l'ordre de 30 % [18].

4. 1 baril = 159 litres = 0,136 tonne de pétrole.

montre qu'il n'est pas bon qu'une grande partie de la production du pétrole mondial soit contrôlée par un petit nombre d'acteurs. On le voit d'ailleurs tous les jours et notamment ces dernières années puisque le prix du pétrole actuel est maintenant au dessus de 70 $ le baril.

En 2000, la production mondiale de pétrole brut était de 3,5 Gt (gigatonne) dont 1,4 Gt (42 %) provenaient des pays de l'OPEP. L'Arabie Saoudite a été, pour l'année 2000, le premier producteur mondial avec 402 Mt (11,8 %), suivie de la Russie (316 Mt) et des États-Unis (290 Mt). L'Europe occidentale a produit 320 Mt (9,6 %) dont 89 % en provenance du Royaume-Uni et de la Norvège. La production française de pétrole brut est très faible, 1,4 Mt en l'an 2000, soit moins de 1,5 % de nos besoins. La figure 2.1 montre que la consommation française de pétrole a fortement augmenté jusqu'aux années 1970-75 avant de décroître lors de la mise en service des réacteurs nucléaires. La croissance a ensuite été modérée. En 2000, le pétrole représentait encore 40 % des besoins énergétiques français. En 2006 il en représentait 33 % mais ceci vient du fait qu'une partie de la consommation s'est reportée sur le gaz naturel.

Le pétrole brut contient un grand nombre de composés que l'on sépare par distillation en plusieurs fractions : c'est le raffinage. On obtient ainsi les gaz (C_1-C_4)[5], le naphta (C_5-C_7), l'essence (C_6-C_{12}), le kérosène (C_{12}-C_{15}), le diesel (C_{14}-C_{17}), *etc.* La capacité de raffinage mondiale était de 4 Gtep en 2000, donc supérieure aux besoins mais la situation est maintenant plus tendue.

Environ 1,5 milliard de tonnes de pétrole brut et 0,5 milliard de tonnes de produits raffinés sont transportés par mer, ce qui est considérable et représente 40 % du fret maritime mondial [19]. Plusieurs naufrages de pétroliers ont entraîné des catastrophes écologiques.

Toutefois, le nombre de naufrages accidentels de pétroliers conduisant à des marées noires diminue. En effet, le nombre de celles de plus de 700 tonnes est passé d'une moyenne de 24/an dans les années 1970-1979, à 7/an entre 1990 et 1999 [20]. Elles frappent néanmoins fortement l'opinion publique et beaucoup se souviennent du naufrage de l'*Amoco Cadiz* en Bretagne, le 16 mars 1978, qui a libéré 220 000 tonnes de pétrole brut et souillé 300 km du littoral atlantique. C'est un des quatre plus grands accidents mondiaux. Le naufrage de l'*Erika*, le 12 décembre 1999, et celui du *Prestige*, le 19 novembre 2002, sont plus

5. La notation C_n signifie qu'il s'agit de molécules contenant n atomes de carbone ($C_1 = CH_4$, par exemple ; C_4H_{10} est une molécule en C_4).

récents. L'*Erika* était un navire de faible tonnage qui a libéré 30 000 tonnes de fuel lourd. Par ailleurs, les déballastages et dégazages effectués en toute illégalité sont responsables d'une pollution 8 à 10 fois supérieure à celle des naufrages accidentels.

2.3 LE GAZ

Le gaz s'est formé en même temps que le pétrole, mais il migre plus facilement que lui. Son usage est assez récent [21]. On sait qu'il fut utilisé en Chine dès le Xe siècle pour cuisiner. Il s'agissait de grisou acheminé dans des tubes en bambou. En Europe c'était plutôt une curiosité, bien que certains savants aient expérimenté le gaz issu de la distillation sous pression du charbon pour l'éclairage ou pour gonfler des montgolfières. L'industrie du gaz naturel est née au XIXe siècle aux États-Unis. La première exploitation vit le jour en 1821. Le premier gazoduc, long de 40 km, fut réalisé en 1870 à l'aide de troncs de pins évidés. Deux ans plus tard, les tuyaux en métal se sont imposés pour alimenter les particuliers en gaz naturel.

La consommation mondiale de gaz pour l'année 2000 était de 2,164 Gtep, ce qui représentait 24,7 % de la consommation mondiale d'énergie [5]. La consommation française de gaz naturel a fortement augmenté depuis 1960, comme on peut le voir sur la figure 2.1. Elle est passée de 2,5 Mtep en 1960 à 37,3 Mtep en 2000, soit une augmentation de près d'un facteur 15. Ceci montre son importance croissante dans notre approvisionnement énergétique (40,3 Mtep en 2006).

Plus de 95 % de la consommation française de gaz naturel est importée[6]. En effet, le gisement français de Lacq, découvert en 1951, est désormais pratiquement épuisé. Nos grands fournisseurs sont l'Algérie, la Norvège et la Russie. Ce dernier pays possède 32,1 % des réserves mondiales [22]. Ce gaz provient de gisements terrestres ou maritimes. La plus grande plate-forme du monde est celle de Troll [23], située dans la partie norvégienne de la mer du Nord. Elle a fourni, en 1999, 15 milliards de m^3 de gaz naturel sur les quelques 38 milliards de m^3 que nous avons consommés[7]. Un gazoduc sous-

6. En 2000, la France a produit 4,28 % des 37,3 Mtep qu'elle consomme [5].

7. Le coefficient de conversion généralement adopté est 1000 m^3 de gaz naturel = 0,857 tep [5]. En fait le pouvoir calorifique du gaz varie selon sa provenance. Il est de 33 MJ/m^3 pour le gaz néerlandais et de 42 MJ/m^3 pour le gaz algérien [24].

marin de 840 km relie les gisements de Sleipner et de Troll en Norvège au terminal gazier de Dunkerque, en France. Dans un gazoduc, le gaz circule à la vitesse de 30 km/h [23]. Des stations de compression, installées tous les 80 à 120 km environ, compriment le gaz pour assurer ce débit. Ce gazoduc transporte jusqu'à 14 milliards de m^3 de gaz par an, soit un peu plus du tiers de la consommation française [25]. La longueur du réseau de transport et de distribution du gaz naturel en France n'est pas loin de 200 000 km.

On peut aussi transporter le gaz sous forme liquéfiée à une température de –160 °C. Le volume occupé par le liquide est 600 fois inférieur à celui du gaz. Environ 20 % du gaz naturel mondial est transporté sous cette forme [23]. Un méthanier long de 280 m peut transporter de l'ordre de 130 000 m^3 de gaz naturel liquéfié. L'énergie contenue représente plus de 40 fois celle libérée lors de l'explosion de la bombe atomique d'Hiroshima, en 1945. Le transport maritime est intéressant au-dessus de 3 000 km de distance.

On peut stocker le gaz dans le sous-sol[8] sous une pression comprise entre 40 et 270 bars. Il existe 15 lieux de stockage en France qui permettent d'assurer l'équilibre entre les importations et la consommation. Il y a 12 nappes aquifères et 3 cavités salines qui représentent une capacité de stockage égale à près du tiers de la consommation annuelle [24].

L'utilisation du gaz est actuellement en plein développement et l'on peut penser que cette croissance se poursuivra. La raison en est double. D'une part, le gaz est bon marché même si son prix suit, de manière décalée dans le temps, celui du pétrole, et d'autre part la technologie du « cycle combiné », dans laquelle on récupère l'énergie contenue dans les gaz d'échappement de la turbine à combustion pour produire de la vapeur d'eau et la détendre dans une turbine à vapeur, permet d'obtenir des rendements énergétiques beaucoup plus élevés (55 %). Le coût du kWh devient alors très compétitif. Par ailleurs, la construction d'une centrale à gaz est rapide et demande moins d'investissements (460 euros/kW_e [26]) qu'une centrale nucléaire ou au charbon, par exemple. Le prix du gaz intervient toutefois dans 70 % du prix du kWh et il reste le problème de la stabilité de l'approvisionnement et des prix.

8. Dans des roches poreuses (aquifères) ou dans des cavités creusées dans des couches de sel (cavités salines).

2.4 L'EFFET DE SERRE

Tous les combustibles fossiles produisent du gaz carbonique (CO_2) en brûlant et contribuent à accroître l'effet de serre, ce qui peut avoir un impact négatif sur le climat. Toutefois, la quantité libérée dépend de la nature du combustible. Plus celui-ci contient d'hydrogène dans sa molécule, moins il rejette de gaz carbonique. Pour la même quantité d'énergie produite, le charbon, composé essentiellement de carbone pur C, est celui qui en produit le plus[9]. Le gaz, composé majoritairement de CH_4, est le combustible fossile qui en rejette le moins. Le pétrole, approximativement $(CH_2)_x$, émet des quantités intermédiaires. Le tableau 2.1 indique les fourchettes d'émissions pour la production d'un kWh électrique.

Pour un même combustible fossile, les émissions dépendent fortement de la technologie utilisée. Le gaz, avec les turbines à cycle combiné, donne les valeurs les plus basses. Il est important de noter que les valeurs du tableau s'appliquent à la production d'électricité. Pour la chaleur, les rendements sont bien meilleurs et l'on a des émissions plus basses. De plus, si l'on produit simultanément de la chaleur et de l'électricité (cogénération) on diminue encore les quantités de CO_2 émises par unité d'énergie produite.

Tableau 2.1 Émissions de CO_2 par kWh électrique produit pour différentes sources d'énergie. On tient compte de la chaîne complète de production et non seulement des émissions en fonctionnement.

Mode de production	Émissions (g/kWh)
Charbon	860-1 290
Pétrole	700-800
Gaz	480-780
Nucléaire	4-18
Éolien	11-75
Solaire photovoltaïque	30-280
Biomasse	0-116

9. Il y a à peu près 1 atome d'hydrogène par atome de carbone dans le charbon, soit moins de 10 % en masse.

Dans le tableau 2.1, nous avons aussi indiqué les fourchettes de production pour d'autres sources d'énergie. Ces chiffres se rapportent, comme pour les combustibles fossiles, à l'ensemble de la chaîne énergétique. Ainsi, le nucléaire et le photovoltaïque ne produisent pas de CO_2 en fonctionnement. Toutefois, des gaz contribuant à accroître l'effet de serre sont émis lors de la construction des centrales nucléaires ou des panneaux photovoltaïques, des transports, etc.

2.5 LES RÉSERVES DE COMBUSTIBLES FOSSILES

La nature a stocké les combustibles fossiles pendant des centaines de millions d'années avant que l'homme ne les découvre et les utilise pour satisfaire ses besoins énergétiques. Comme ils sont en quantité finie sur la terre, il est pertinent de se demander combien de temps dureront ces réserves au rythme où nous les consommons actuellement. Depuis la révolution industrielle, nous avons en effet déjà utilisé une grande quantité des énergies fossiles pour assurer notre développement économique. Les chiffres qui suivent doivent être considérés comme des estimations susceptibles de changer avec de nouvelles découvertes de gisements et les progrès technologiques. Ces estimations doivent néanmoins être mises en regard des 5 milliards d'années qu'il reste à notre planète avant de disparaître, engloutie par le Soleil.

2.5.1 Réserves de pétrole

En 1997, nous avions déjà extrait un peu plus 110 milliards de tonnes (Gt) de pétrole du sous-sol. Les réserves mondiales de pétrole brut bon marché, évaluées en 1998, étaient d'environ 120 Gt avec sans doute encore 20 Gt à découvrir [27], soit au total environ 140 milliards de tonnes. Depuis 1998, nous consommons de l'ordre de 3,5 Gt de pétrole par an. La production était de 3,9 Gt en 2006 [88]. Les réserves prouvées de pétrole bon marché estimées par BP [22], sont de 164,5 Gt fin 2006. Même s'il y a de petits écarts entre les différentes estimations les réserves sont du même ordre de grandeur.

La notion de réserve est liée au prix que veut bien mettre le consommateur pour avoir accès à la ressource. Or, lorsque le prix d'achat augmente, certaines ressources qui n'étaient pas économiquement rentables auparavant le deviennent, accroissant par la même occasion les réserves. Une augmentation des prix peut aussi induire une baisse de la consommation alors qu'une baisse de ceux-ci augmente cette dernière. On distingue trois quantités lorsque l'on évalue les réserves de pétrole [27]. La première est la quantité de pétrole déjà extraite. C'est la grandeur sur laquelle l'incertitude est la plus faible. La deuxième est la quantité de pétrole supplémentaire que l'on pourra extraire des puits existants grâce aux progrès de la technologie. D'autre part, certains gisements connus ne sont pas encore exploités. La troisième quantité est une évaluation du pétrole que l'on a des chances de découvrir et d'exploiter. Les estimations doivent être pondérées d'un facteur de probabilité plus ou moins grand selon que l'on est optimiste ou pessimiste. Des facteurs non scientifiques peuvent distordre les estimations car certains pays ont parfois intérêt à surestimer leur réserves pour exporter plus ou demander des emprunts.

Environ 80 % du pétrole extrait aujourd'hui provient de gisements découverts avant 1973. Les experts [27] pensent que l'on a découvert 90 % des réserves pétrolières et que la production de pétrole bon marché, *i.e.* celui que l'on consomme aujourd'hui, déclinera dans les dix ans qui viennent. Leurs arguments sont basés sur l'extension d'un modèle développé par King Hubbert en 1956. Celui-ci prédisait que l'extraction incontrôlée d'une ressource limitée suit une courbe en cloche dont le maximum est atteint lorsque la moitié de cette ressource est épuisée (figure 2.2). Appliqué aux États-Unis, ce modèle prédit, en 1956, que la production pétrolière de ce pays atteindrait un maximum en 1969. Il fut en réalité atteint en 1970 et l'évolution de la production a suivi en moyenne cette courbe en cloche avec une assez bonne précision. Même si les réserves pétrolières étaient bien supérieures à

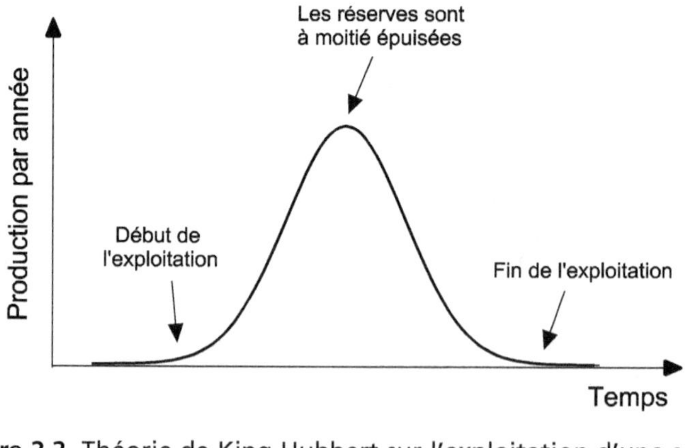

Figure 2.2 Théorie de King Hubbert sur l'exploitation d'une source épuisable.

140 Gt, on s'attend à un déclin de la production dans les vingt prochaines années. Avec le double de cette valeur (280 Gt), le maximum de la production serait atteint vers 2020. Le pétrole bon marché va donc devenir plus rare et, selon l'évolution économique mondiale, les prix augmenteront à l'horizon d'une à deux décennies. Le monde deviendra de plus en plus dépendant des pays producteurs du Moyen-Orient (Arabie Saoudite, Iran, Irak, Koweït, Émirats Arabes Unis). Cette dépendance peut conduire à une instabilité sur les prix, comme cela a été le cas pour les chocs pétroliers de 1973 et 1979. En 1973, les pays de l'OPEP augmentèrent leur prix car ils contrôlaient 36 % du marché. Ceux-ci ne diminuèrent que lorsque la demande se fit moins forte et que l'on s'approvisionna en mer du Nord et en Alaska [27].

Le tableau 2.2 montre la répartition des ressources pétrolières en fonction des régions du monde. Comme on peut le voir, la plus grande partie des réserves se trouvent au Moyen-orient. Avec environ 164,5 Gt et une production actuelle de l'ordre de 3,9 Gt[10], cela fait des réserves pour une quarantaine d'années ($\frac{164,5}{3,9} \simeq 42$ ans). La plus grande partie de celles-ci se trouvent au Moyen-Orient. La figure 2.3 montre les 7 premiers pays possédant les réserves prouvées de pétrole les plus importantes. En fait, ces estimations ne veulent pas dire que, dans 40 ans, il n'y aura plus de pétrole mais que celui-ci sera plus rare, donc plus cher. On estime qu'à l'horizon 2050, la production mondiale de

Tableau 2.2 Réserves mondiales prouvées de pétrole par régions à la fin de 2006. Source *BP Statistical Review of World Energy,* juin 2007. Les erreurs d'arrondis font que les sommes ne donnent qu'approximativement la valeur totale indiquée.

Région	Réserves (Gt)	%
Amérique du Nord	7,8	5 %
Amérique du Sud et Centrale	14,8	8,6 %
Europe et Eurasie	19,7	12 %
Moyen-Orient	101,2	61,5 %
Afrique	15,5	9,7 %
Asie Pacifique	5,4	3,4 %
Total	164,5	100 %

10. En 1991, 300 Mt de pétrole ont été brûlées au Koweit lors du conflit avec l'Irak, soit plus de trois fois la consommation française de pétrole cette année là.

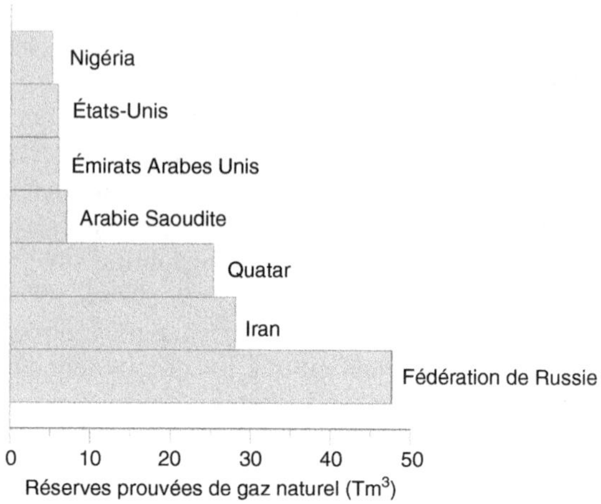

Figure 2.3 Pays ayant les plus grandes réserves prouvées de pétrole bon marché fin 2006.
Source : *BP Statistical Review of the World Energy*, 2007.

pétrole sera du même ordre de grandeur qu'aujourd'hui alors que les besoins auront augmenté. En matière de réserves, depuis une vingtaine d'années, on découvre chaque année moins de pétrole conventionnel que ce que l'on consomme.

À côté du pétrole brut, il existe d'autres ressources fossiles, dites non conventionnelles, qui pourront se substituer au pétrole lorsque celui-ci se fera rare. Certaines sont un peu exploitées. Il s'agit essentiellement des huiles lourdes et extra-lourdes, des bitumes, des schistes bitumineux et des sables asphaltiques.

Les bruts lourds et le bitume résultent de transformations faites par des bactéries qui consomment la fraction légère de l'huile. La viscosité d'un brut lourd est 60 fois supérieure à celle du brut conventionnel. Le bitume est encore plus visqueux. Les ressources en place sont estimées à 90 Gtep pour les huiles lourdes et à 100 Gtep pour les extra-lourdes et le bitume [28]. Le Canada (région de l'Athabasca) et le Venezuela (ceinture de l'Orénoque) détiennent chacun 48 Gtep des ressources, soit 58 % des réserves mondiales en place (190 Gtep) d'huiles lourdes, extra-lourdes et de bitume. Plusieurs méthodes sont possibles pour les extraire mais la plus utilisée consiste à utiliser de la vapeur d'eau. Il faut de l'énergie pour produire celle-ci. Aussi serait-il intéressant d'utiliser localement de petites centrales nucléaires pour produire de la chaleur plutôt que de brûler des ressources fossiles pour extraire celles-ci.

Les schistes bitumineux sont une autre source de pétrole. Ce sont des roches sédimentaires qui contiennent du kérogène, précurseur du pétrole et du gaz. Il peut être transformé dans le sol en huile et en gaz par craquage à haute température. Un schiste est qualifié de bitumineux s'il contient au moins 40 litres d'équivalent huile par tonne. Ils sont connus et exploités depuis environ 150 ans mais sont rarement compétitifs économiquement. Il faut pour cela qu'ils aient une teneur en huile d'au moins 80 ℓ/tonne. On les utilise pour produire de l'électricité (17 à 18 millions de tonnes de schistes par an) ou de l'huile (720 tep/an) [28]. Les schistes bitumineux se trouvent un peu partout dans le monde mais 50 % des réserves se trouvent aux États-Unis. Les réserves prouvées se chiffrent à 70 Gtep, avec des réserves additionnelles égales à 60 Gtep, soit un total de 130 Gtep [28]. De grandes incertitudes existent sur les réserves en place qui diffèrent selon les sources. Une estimation serait entre 510 et 540 Gtep. À cela, il faut ajouter un taux de récupération de l'huile variable, sans doute de l'ordre de 10 %, ce qui diminue fortement les quantités que l'on pourra réellement utiliser. Il ne faut en effet pas confondre les réserves en place avec celles que l'on peut réellement récupérer et qui sont bien souvent très inférieures.

L'extraction des bruts lourds, bitumes, schistes bitumineux, etc. nécessite beaucoup plus d'énergie que pour le pétrole conventionnel. Cela augmente par conséquent les prix et les pollutions associées. Par ailleurs, compte tenu des incertitudes, les valeurs données doivent être prises comme des ordres de grandeur.

2.5.2 Réserves de gaz

Les réserves de gaz sont abondantes et l'on trouve, chaque année, plus de gaz qu'on en consomme [25]. Les réserves prouvées fin 2006, *i.e.*, dont l'existence a été physiquement démontrée, sont de 180 460 milliards de m^3, soit 162,4 Gtep[11] [22]. Les réserves ultimes, qui résultent d'une évaluation statistique des quantités jugées récupérables compte tenu des techniques actuelles d'exploitation des gisements, sont d'environ 400 000 milliards m^3. En 2006, la production commercialisée s'est élevée à 2 865 milliards m^3, soit 2,6 Gtep, ce qui représentait environ 24 % de l'énergie primaire. À ce rythme, il y a 63 ans réserves, *i.e.* plus que le pétrole (40 ans). Toutefois, une demande plus forte réduirait ce laps de temps. Ainsi, si l'on remplaçait

11. On a la correspondance 1 Gm^3 = 0,9 Mtep.

le pétrole et le charbon par le gaz, pour réduire l'impact sur l'effet de serre, il y aurait moins de 20 ans de réserves.

Le tableau 2.3 donne la répartition des réserves mondiales de gaz. La plus grande partie d'entre-elles se trouvent en Fédération de Russie (26,3 %), en Iran (15,5 %) et au Quatar (14 %). La figure 2.4 montre les pays possédant les réserves prouvées de gaz les plus importantes.

D'énormes quantités de méthane sont stockées sous forme d'hydrates, les *hydrates de méthane*, dans le permafrost (sol gelé en permanence), ou à grande profondeur sous la mer. Les hydrates de méthane sont

Tableau 2.3 Réserves mondiales de gaz par régions. Source *BP Statistical Review of Worlds Energy*, juin 2007.

Région	Réserves (10^{12} m^3)	%
Amérique du Nord	8	4,4 %
Amérique du Sud et Centrale	6,9	3,8 %
Europe et Eurasie	64,1	35,3 %
Moyen-Orient	73,5	40,5 %
Afrique	14,2	7,8 %
Asie Pacifique	14,8	8,2 %
Total	181,5	100 %

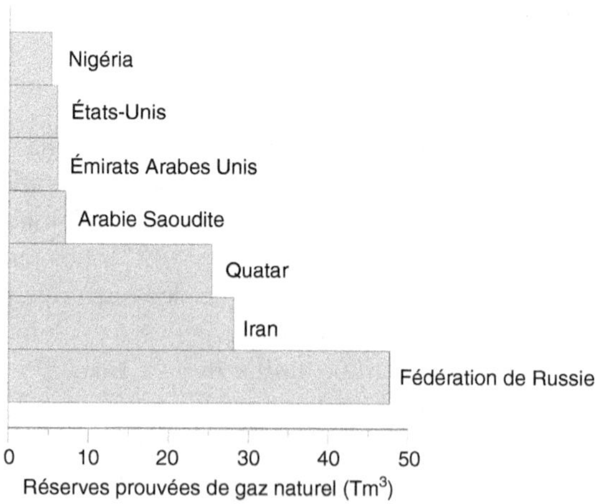

Figure 2.4 Pays ayant les plus grandes réserves prouvées de gaz fin 2006. Source *BP Statistical Review of the World Energy*, 2007.

des complexes (clathrates) dans lesquels une molécule de gaz est piégée à l'intérieur de molécules d'eau. Ils se forment sous pression. Ils sont connus des pétroliers car ils apparaissent dans les conduites de pétrole en offshore et peuvent boucher celles-ci. Un volume donné d'eau peut emmagasiner jusqu'à 160 fois son volume de méthane. Les estimations des réserves d'hydrates de méthane sont très diverses et pourraient être entre 1 et 5 Pm^3 (1 $Pm^3 = 10^{15}$ m^3), soit de l'ordre de grandeur du charbon, du pétrole et du gaz réunis [89]. On ne sait pour le moment pas exploiter cette ressource. Sans doute pourra-t-on peut être le faire un jour mais une telle exploitation présente des dangers écologiques à cause du méthane qui pourrait s'échapper dans l'atmosphère et qui est beaucoup plus nocif que le gaz carbonique vis-à-vis de l'accroissement de l'effet de serre. L'évolution du système climatique, due à l'utilisation des combustibles fossiles pourrait également, par suite du réchauffement planétaire associé, libérer une partie du méthane piégé dans les hydrates et fortement amplifier l'effet de serre [10].

2.5.3 Réserves de charbon

Le charbon est le combustible fossile qui a les réserves les plus importantes. On estimait que les réserves de charbon s'élevaient à 518,9 Mtep[12] en 2002 [5]. Fin 2006, en tonnes de charbon, les réserves sont les suivantes : 478,8 Gt pour le charbon qualifié d'anthracite et de bitumineux selon la classification américaine et de 430,3 Gt pour le charbon sous-bitumineux et le lignite[13] [20]. Pour le total des deux classes précédentes, la majeure partie des réserves sont localisées aux États-Unis (27,1 %), en Fédération de Russie (17,3 %), en Chine (12,6 %) et en Inde (10,2 %). Si l'on se restreint au charbon de bonne qualité (anthracite et bitumineux (*hard coal*)) les trois premiers pays possédant les plus grandes réserves sont les États-Unis (111,3 Gt), l'Inde (90 Gt) et la Chine (62,2 Gt). Pour les charbons de mauvaise qualité (sous-bitumineux et lignite (*brown coal*)) les trois premiers pays en matière de réserves sont les États-Unis (135,3 Gt), la

12. Les facteurs de conversion pour faire cette estimation sont de 0,7 tep/t pour les charbons bitumineux, de 0,5 tep/t pour les sub-bitumineux et de 0,3 tep/t pour le lignite.

13. Il existe plusieurs nomenclatures pour le charbon, deux françaises et une anglo-saxonne. Dans cette dernière, on classe les charbons en fonction de leur pouvoir calorifique ce qui conduit à distinguer les *hard coal* (anthracite et charbon bitumineux) des *brown coal* (bon et mauvais lignites, sous bitumineux) [14].

Fédération de Russie (107,9 Gt) et la Chine (52,3 Gt). Le tableau 2.4 [20] résume les données pour les différentes régions du monde.

En additionnant tout le *hard* et le *brown coal*, on atteint 909,1 milliards de tonnes ce qui correspond, au rythme de la production actuelle (3,1 Gtep en 2006), à des réserves pour environ deux siècles [22]. La figure 2.5 montre les pays ayant les plus grandes réserves de charbon (*hard coal* et *brown coal* réunis).

Le charbon est une roche mère pour le méthane qui reste souvent emprisonné sur le lieu où il a été formé. Il reste piégé sous forme d'un film autour des particules de charbon. Sa concentration, dans un volume donné, peut être 6 à 7 fois supérieure à celle que l'on trouve dans un gisement de gaz. On estime qu'il peut se former environ 200 m^3 de méthane lors de la formation d'une tonne de charbon. La quantité de méthane, appelé « gaz de charbon », piégée dans le charbon est grossièrement estimée entre 93 et 185 Gtep (100 à 200 Tm^3) [28]. Le taux de récupération de cette ressource est faible, de l'ordre de 14 % aux États-Unis, ce qui donne de entre 15 et 25 Gtep de réserves.

Tableau 2.4 Réserves mondiales de charbon par régions et par type de charbon. On notera les conséquences des erreurs d'arrondis dans certaines sommes.
Source *BP Statistical Review of World Energy*, juin 2007.

Région	Anthracite et bitumineux (Gt)	Sous-bitumineux et lignite (GT)	Réserves totales (Gt)	%
Amérique du Nord	115,7	138,8	254,4	28 %
Amérique du Sud et Centrale	7,7	12,2	19,9	2,2 %
Europe + Eurasie	112,3	174,8	287,1	31,6 %
Moyen-Orient + Afrique	50,6	0,2	50,8	5,6 %
Asie Pacifique	192,6	104,3	296,9	32,7 %
Total	478,8	430,3	909,1	100 %

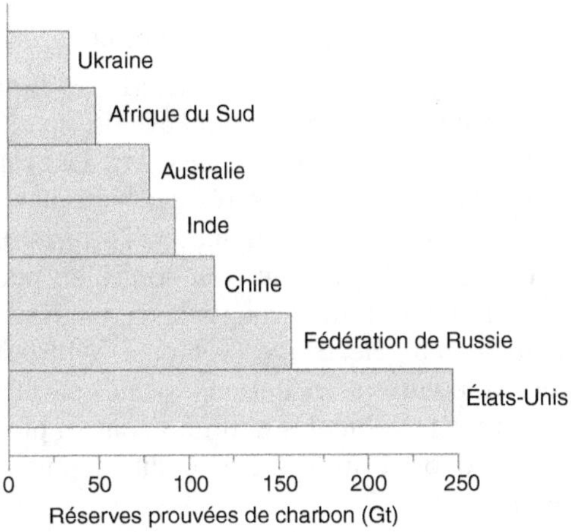

Figure 2.5 Pays ayant les plus grandes réserves de charbon fin 2006. Ces réserves comprennent les charbons de toute nature (anthracite, bitumineux et sous-bitumineux, lignite). Source *BP Statistical Review of World Energy*, juin 2007.

2.6 CONCLUSION

Par leur commodité et par le fait qu'ils ont une densité d'énergie élevée, les combustibles fossiles n'ont eu, dans le passé, aucun mal à s'imposer vis-à-vis des énergies renouvelables. Le charbon s'imposa ainsi dès le milieu du XIXe siècle, le pétrole au début du XXe. Malgré ces avantages, leur utilisation massive a un impact mesurable sur l'environnement : accroissement de l'effet de serre et pollutions diverses. Les combustibles fossiles sont, de plus, en quantité finie sur la terre, ce qui pose le problème de leur raréfaction prochaine.

Le charbon est le plus polluant mais ses réserves sont considérables par rapport aux autres ressources fossiles. Le pétrole est le combustible le plus commode car il est liquide et facile à transporter. Il est encore irremplaçable pour les transports. Les principaux atouts du gaz sont son faible caractère polluant et le haut rendement des dispositifs de combustion. Il faut toutefois faire attention qu'il n'y ait pas de fuite lors de son utilisation car le méthane a un impact 23 fois plus important vis-à-vis de l'accroissement de l'effet de serre que le gaz carbonique.

La technologie permet de passer d'une forme de combustible à une autre, comme du charbon au pétrole ou au gaz, par exemple. Ceci atténue les différences qui existent entre les différents types de combustibles fossiles et sera utile lorsque le pétrole et le gaz seront rares.

La possibilité de synthétiser des hydrocarbures liquides à partir du charbon est un enjeu très important pour l'avenir. En effet, le pétrole est actuellement irremplaçable pour les transports. Les carburants de synthèse issus du charbon pourraient se révéler bien plus intéressants que l'hydrogène et prolonger pour longtemps l'utilisation du moteur à explosion dont la technologie et le coût sont bien maîtrisés. Un couplage de ce moteur à combustion interne avec un système constitué de batteries et d'un moteur électrique (véhicule hybride) permettrait de lutter efficacement contre les pollutions locales et d'émettre moins de gaz à effet de serre. Les véhicules hybrides sont en pleine expansion et déjà 1 million de Toyota Prius ont été vendus depuis la mise en service de ce véhicule.

La consommation de gaz est en pleine expansion. Cette source d'énergie demande néanmoins des investissements et des infrastructures très lourds. Aussi le coût du transport est une part importante du prix du kWh final.

Le pétrole s'est largement imposé par sa commodité d'utilisation. Source d'énergie concentrée et liquide, facilement accessible et d'un faible coût, il a rendu les économies très dépendantes vis-à-vis de lui. Contrairement au gaz naturel, le coût de transport ne représente que 5 à 10 % de son prix (il faut un peu plus d'un euro pour transporter un baril de pétrole du Moyen-Orient en Europe). Plus de 60 % du transport du pétrole se fait par voie maritime, le reste étant effectué par oléoduc, trains ou camions. En 1920, la production mondiale de pétrole n'était que de 95 Mtep alors qu'elle est d'environ 3 500 Mtep aujourd'hui. Il y aura encore du pétrole à la fin du siècle et même au-delà. Néanmoins son prix ne sera pas le même et il est essentiel de l'économiser et le réserver là où il est indispensable c'est-à-dire pour l'industrie de la chimie et les transports. Du pétrole synthétique pourra aussi être produit à partir du charbon (CTL = *Coal to liquid*), du gaz (GTL = *Gaz to liquid*) ou de la biomasse (BTL = *Biomass to liquid*).

Les combustibles fossiles représentaient, en 2000, presque 90 % de la consommation d'énergie primaire commerciale mondiale. Leur suprématie n'est pas le fruit d'un hasard. Elle vient de leur flexibilité d'emploi et de leur compétitivité économique. Ils resteront prépondérants encore pendant longtemps, mais cela ne doit pas nous empêcher de réfléchir dès maintenant à des sources de substitution pour le jour où les ressources se tariront, même si ce n'est pas pour demain.

Chapitre 3

Les énergies renouvelables

Les énergies renouvelables pourront être exploitées aussi longtemps qu'existera la terre, soit encore quelques 5 milliards d'années. On les appelle parfois *énergies nouvelles*, bien qu'elles soient connues depuis très longtemps. C'étaient les sources d'énergie des premiers hommes qui, avec la maîtrise du feu il y a 500 000 ans, ont exploité le bois pour se chauffer et faire cuire leurs aliments. Les énergies renouvelables ont été utilisées pendant une période incomparablement plus longue que celle des combustibles fossiles ou de l'énergie nucléaire. Elles ont eu le monopole de la production énergétique mondiale jusqu'à la fin du XVIIIe siècle et couvraient encore la moitié des besoins au tout début du XXe siècle. On redécouvre aujourd'hui les énergies renouvelables grâce aux progrès de la technologie qui essaye de gommer leurs deux principaux inconvénients qui sont d'être intermittentes et peu intenses.

Actuellement, on a trop tendance à associer les énergies renouvelables à la seule production d'électricité. En fait, elles contribuent de manière importante à produire de la chaleur comme on peut le voir dans la figure 3.1 qui donne cette répartition pour l'année 2005. La production de chaleur représente 67,4 % de l'utilisation des énergies renouvelables.

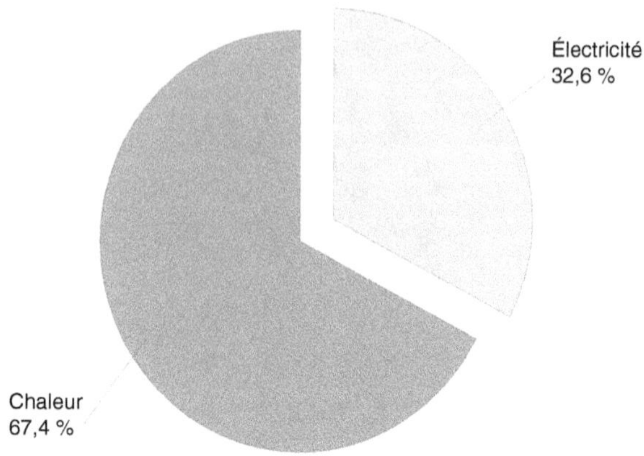

Figure 3.1 Utilisation des énergies renouvelables en France en 2005 entre production d'électricité et de chaleur. La conversion entre l'électricité et la chaleur a été prise sur la base du contenu énergétique (1 MWh = 0,086 tep). Source [3].

Les énergies renouvelables sont gratuites, mais leur récupération peut être chère, voire très chère, car elles sont peu concentrées. Si elles font merveille dans un habitat à faible densité de population et peu demandeur en puissance, leur potentiel diffus est incompatible avec la concentration spatiale d'une demande urbaine et industrielle. Le cas de l'hydraulique est particulier car on peut disposer de puissances considérables. Ainsi, le barrage des Trois Gorges[1], en Chine, a une puissance électrique égale à 18 centrales nucléaires de 1 GW_e. Mais, mis à part l'hydraulique et quelques situations spécifiques, les énergies renouvelables produisent encore de l'électricité à un prix notablement supérieur à celui des techniques standard basées sur les combustibles fossiles ou le nucléaire sauf dans des situations très particulières. Ce manque de compétitivité économique, ainsi que leur intermittence lorsque c'est le cas, sont un frein à leur développement. Il explique les aides financières ou fiscales mises en place dans de nombreux pays pour assurer leur essor.

Ce chapitre présente quelques notions de base sur le sujet. Le lecteur désireux de l'approfondir pourra consulter le rapport de l'office parlementaire d'évaluation des choix scientifiques et technologiques de C. Birraux et J.Y. Le Déaut [29], l'ouvrage de J. Vernier [30] et celui de Jean Bonal et P. Rossetti [90].

1. Le barrage des Trois Gorges fera plus de 2 km de large et son réservoir presque 640 km de long. La profondeur de la retenue sera de 185 m.

3.1 L'ÉNERGIE HYDRAULIQUE

La force motrice de l'eau fut une des premières énergies utilisées par l'homme. Il s'en est servi pour moudre le grain, scier, actionner les soufflets de forges et les métiers à tisser... Le moulin à eau était connu en Syrie avant l'ère chrétienne puis a été utilisé par les Romains. L'introduction de cames, au XIe siècle, va permettre d'utiliser les moulins à eau comme des sources d'énergie mécanique qui ne trouveront d'équivalents qu'avec l'avènement de la machine à vapeur. Il y avait des dizaines de milliers de moulins en France au milieu du XIXe siècle. Jusqu'à la fin du XVIIIe, il y eut peu de progrès sur leur technologie et la majorité d'entre eux fonctionnaient avec des roues à aubes verticales. Leur rendement augmenta notablement au XIXe siècle, notamment grâce aux travaux de Poncelet, pour atteindre un excellent degré de perfectionnement. L'introduction de la machine à vapeur les a peu à peu fait disparaître mais l'énergie que l'on peut tirer de la circulation de l'eau est réapparue avec l'introduction de l'électricité.

Le quart de l'énergie qui provient du soleil est absorbée par le cycle de l'eau. Au cours de celui-ci, une infime partie de l'eau des océans est évaporée par l'énergie solaire. Elle revient sur la terre sous forme de précipitations (pluie ou neige). Une partie tombe sur les continents, qui ne représentent que 30 % de la surface de la terre, avant d'être évaporée ou de rejoindre la mer. Celle-ci contribue à la croissance des végétaux et permet la formation des rivières et des fleuves.

Comme toutes les énergies renouvelables, celle issue de l'eau est diluée. Le terrain, les petits ruisseaux, les torrents et les rivières sont autant de moyens naturels pour concentrer la pluie venant du ciel dans des lacs de retenue qui permettent de stocker l'énergie.

L'exploitation de l'énergie hydraulique utilise la variation d'énergie potentielle de l'eau en fonction de la hauteur. Un corps de masse m situé à une hauteur h a, dans le champ de pesanteur terrestre dont l'accélération est g, une énergie potentielle mgh. S'il passe de la hauteur h_1 à $h_2 < h_1$, son énergie diminue de $mg(h_1 - h_2)$. On peut récupérer une partie de cette énergie lorsque l'on fait passer l'eau dans une turbine. La puissance que l'on peut extraire d'une chute d'eau est proportionnelle à son débit et à sa hauteur. On peut avoir de hautes chutes avec un faible débit, de faibles chutes avec un fort débit ainsi que des situations intermédiaires. Il faut de grandes quantités d'eau et une dénivellée importante pour produire beaucoup d'électricité. En effet, 1 kWh représente l'énergie de 3,6 tonnes d'eau tombant d'une hauteur de

100 m. Le réfrigérateur d'une famille française consomme en moyenne 380 kWh/an. Pour l'alimenter en électricité avec l'énergie hydraulique, il faut l'énergie de près de 1 400 tonnes d'eau tombant d'une hauteur de 100 m, ce qui représente 3,8 tonnes d'eau par jour tombant de cette même hauteur.

Le barrage permet de retenir l'eau d'un lac naturel ou artificiel, voire celle d'un cours d'eau. Les barrages reportent la poussée de l'eau sur le sol ou sur les parois latérales. Les premiers utilisent de plus grandes masses de matériaux que les seconds mais ces derniers nécessitent des parois latérales très saines pour résister aux efforts. Pour produire de l'électricité, on fait passer l'eau dans une turbine qui génère de l'énergie mécanique. Celle-ci est couplée à un alternateur qui produit de l'électricité. La turbine (il en existe plusieurs types) a remplacé la roue des moulins car son rendement est bien meilleur (de 70 à 100 % au lieu de 20 %).

L'exploitation de l'énergie hydraulique est fortement liée au débit des cours d'eau. Celui-ci varie selon la région, la saison et certaines années sont meilleures que d'autres. Ainsi, dans les pays tropicaux, il ne pleut que l'été alors que dans les pays tempérés on a de la pluie pendant une grande partie de l'année. Les retenues pallient à cette intermittence et permettent de stocker de grandes quantités d'énergie que l'on peut exploiter selon les besoins.

Le potentiel théorique mondial de l'hydraulique est de 36 000 TWh mais seulement 16 000 TWh seraient exploitables, dont 8 000 économiquement rentables. On utilise actuellement moins de 20 % de ce potentiel. L'hydraulique est la source d'énergie renouvelable commerciale la plus utilisée. Elle fournit actuellement entre 13 et 14 % de l'électricité des pays de l'OCDE. Toutefois, pour l'Europe, son extension est limitée car elle a été largement développée. Par contre, dans les pays d'Asie, d'Amérique Latine et l'ex-URSS, elle est sous-exploitée. Notons qu'en France, en 1960, la quantité d'électricité produite par l'hydraulique représentait 56 % de la production totale.

La figure 3.2 montre la production d'électricité hydraulique dans les plus grands pays producteurs (en bas de la figure) en 2004 [91] et montre, à titre de comparaison les chiffres correspondant à l'Union Européenne, l'ex-URSS et la France qui, on le voit se place très bien compte tenu de sa surface. La production d'électricité hydraulique mondiale était de 2 889 TWh en 2004, soit 16,5 % de la production totale (17 526 TWh).

Alors que la grande hydraulique correspond à des puissances de quelques MW, voire plus de 10 GW pour certains grands barrages, la

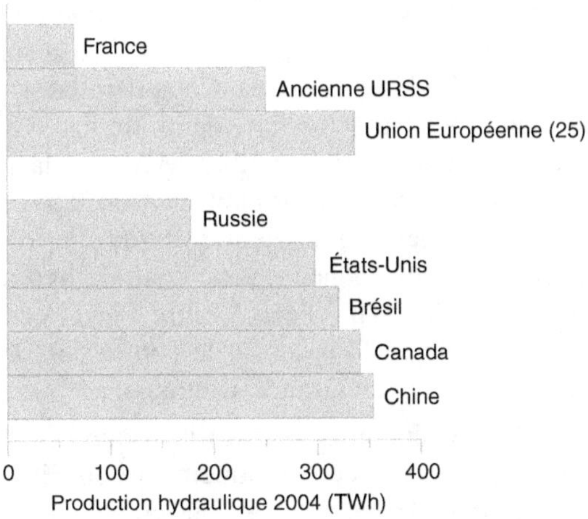

Figure 3.2 Plus grands pays producteurs d'électricité hydraulique (bas) en 2004 et, pour comparaison, production de l'union Européenne des 25, de l'ex-URSS et de la France. Source [91].

petite hydraulique correspond à des puissances inférieures à 10 MW : entre 2 MW et 10 MW pour les petites centrales, de 0,5 MW à 2 MW pour les minicentrales et inférieure à 0,5 MW pour la microhydraulique [30]. Les centrales dites *au fil de l'eau* n'ont pas de réservoir de stockage aussi, pour des sites isolés, il faut prévoir une énergie d'appoint pour les périodes où il n'y a pas assez d'eau.

L'énergie hydraulique est coûteuse en investissements mais économique en fonctionnement. Pour la France, l'investissement fait pour construire les barrages a été à peine inférieur à celui des centrales nucléaires. La grande hydraulique est particulièrement rentable, avec un coût du kWh autour de 2 centimes d'euros. La petite hydraulique produit un kWh un peu plus cher, environ 4 centimes d'euros. Le potentiel de la petite hydraulique est encore insuffisamment exploité en France et des progrès sont encore possibles si les problèmes d'acceptabilité et d'environnement trouvent des solutions.

L'énergie que l'on pourrait tirer des océans est très grande mais aussi très dispersée, donc difficile à collecter. L'exploitation la plus connue est celle liée aux marées, qui présentent l'avantage d'être prévues en temps et en intensité. Elles résultent de l'attraction gravitationnelle du soleil et de la lune exercée sur les océans. Leur amplitude dépend du relief des fonds marins. Dans une centrale marémotrice qui utilise l'énergie des marées, on crée un bassin qui sera rempli à marée haute et retenu à marée basse par un barrage. L'énergie est récupérée en turbinant l'eau du bassin. Elle est proportionnelle à la surface du bassin et au carré de l'amplitude de la marée. Cette dernière varie d'un facteur 2 entre une marée de vive-eau et une de morte-eau d'où un facteur 4 en puissance. L'usine de la Rance (240 MW) est la plus grosse usine marémotrice au monde. Elle produit environ 0,5 TWh par an. Cette production relativement faible vient de ce qu'elle fonctionne trois fois moins longtemps dans l'année qu'une centrale hydraulique classique. Le prix de revient du kWh est élevé, entre 5 et 11 centimes d'euros. Le potentiel exploitable en Europe est de l'ordre de 105 TWh/an, essentiellement en France et en Grande-Bretagne.

Il existe d'autres énergies marines [90] que l'énergie marémotrice. Elles ne sont pas encore économiquement compétitives mais présentent un intérêt pour l'avenir. Elles sont encore malheureusement pas assez étudiées et développées en France. Il s 'agit de l'énergie éolienne offshore, de l'énergie des vagues (ou houlomotrice), de l'énergie des courants marins (ou hydrolienne), de l'énergie thermique des mers et de l'énergie osmotique.

L'éolien offshore est plus coûteux que l'éolien terrestre mais ceci est en partie compensé par une meilleure qualité des vents en mer. On estime qu'il y a une ressource potentielle de 1 800 TWh/an. Aux problèmes de l'éolien terrestre s'ajoutent ceux de l'ancrage en mer et de la corrosion marine. Actuellement, le rotor des éoliennes offshore a un diamètre supérieur à 100 m pour des puissances allant de 2 à 5 MW. Elles fonctionnent en équivalent pleine puissance plus de 3 300 heures par an. La densité de puissance par unité de surface est d'environ 6 MW/km^2, ce qui permet de produire de l'ordre de 20 GWh/km^2. C'est 15 fois moins que le photovoltaïque pour une même surface mais la surface n'est que partiellement occupée contrairement à ce dernier. Le coût d'investissement se situe entre 1 500 à 2 500 €/kW voire plus dans les endroits difficiles.

La France a de bonnes ressources en énergie des vagues. La ressource mondiale est estimée à 1 400 TWh/an. Au niveau de la France, la puissance moyenne transmise est d'environ 45 kW/m. Le coût de l'énergie actuel varie entre 0,05 et 0,1 €/kW pour un investissement entre 1 000 et 3 000 €/kW. Un des problème de cette énergie est la résistance du système collecteur d'énergie aux grandes tempêtes.

Les courants marins transportent de l'énergie cinétique tout comme le vent et celle-ci peut être en partie récupérée par des hydroliennes qui ressemblent à des éoliennes immergées dans l'eau. Comme la densité de l'eau est 837 fois plus grande que celle de l'air, elles peuvent avoir une taille plus petite même si la vitesse des courants est très inférieure à celle du vent. Pour une même taille, une hydrolienne est environ 4 fois plus efficace qu'une éolienne. Pour un courant de 3 m/s, on a ainsi des puissances de 4 kW/m^2. Les hydroliennes peuvent facilement fonctionner 4 000 heures par an et fournir de l'électricité à un coût évalué à 0,06 – 0,08 €/kWh.

L'énergie thermique des mers est intéressante dans les pays chauds, notamment dans les DOM-TOM. C'est une énergie abondante puisqu'on estime que l'on pourrait exploiter de l'ordre de 80 000 TWh/an. L'idée est d'utiliser la différence température entre la surface et les eaux profondes (typiquement de l'ordre de 20-24 °C) avec une machine thermodynamique pour exploiter cette différence de température. Le rendement est faible, entre 2 et 3 %. C'est une énergie encore très chère.

L'énergie osmotique utilise la différence de concentration en sel entre de l'eau salée (mer) et l'eau douce séparées par une membrane semi-perméable. L'eau douce migre à travers la membrane vers l'eau de mer. La différence de pression osmotique est de 27 bars pour l'eau de mer mais on opère en surpression d'environ 10 bars. Il faut de grandes surfaces de membrane (entre 200 et 250 m^2/kW).

Le potentiel des énergies marines est important. Leur coût est encore trop élevé mais elles ont l'avantage de produire de l'électricité sans émettre de gaz à effet de serre. Leur exploitation ne sera pas facile car il faut qu'elles soient acceptées par les autres utilisateurs de la mer, qu'elles résistent aux aléas climatiques, à la corrosion. Enfin, il faudra être capable de ramener l'énergie produite sur terre.

3.2 L'ÉNERGIE SOLAIRE

Le flux lumineux en provenance du soleil est de 1368 W/m^2 [31]. C'est la quantité totale d'énergie reçue par unité de surface et de temps hors de l'atmosphère terrestre. La quantité d'énergie arrivant au niveau du sol est plus faible. Dans le meilleur des cas, on reçoit plutôt une énergie d'environ 1 000 W/m^2 (lorsque le soleil est au zénith). À la surface de la terre, toutes les longueurs d'onde de la lumière solaire ne sont pas transmises avec la même probabilité et, heureusement, le rayonnement ultraviolet nocif est filtré par la couche d'ozone.

Plusieurs raisons modulent le rayonnement solaire qui arrive au sol : le jour et la nuit, les saisons, la latitude de l'endroit et la couverture nuageuse. Si l'on moyenne la puissance lumineuse reçue sur l'année, on trouve environ 20 % du flux lumineux solaire et souvent moins [31]. Ainsi, il arrive environ 6 kWh/m^2/jour dans des déserts comme le Sahara mais moins de 1 kWh/m^2/jour dans les régions polaires. En France, on a un ensoleillement de l'ordre de 3 (Lille) à 5 kWh/m^2/jour (Nice). Pour les pays situés dans les zones tropicales, la plus grande proportion du flux énergétique provient de l'ensoleillement direct. Dans les pays d'Europe du Nord, plus de la moitié de ce flux d'énergie vient de la diffusion du rayonnement.

L'énergie solaire qui arrive chaque année sur la terre équivaut à $1{,}56 \times 10^{18}$ kWh, soit environ 15 000 fois la consommation mondiale actuelle. De cette énergie incidente, 30 % est réfléchie dans l'espace, 45 % est absorbée, convertie en chaleur et renvoyée dans l'espace sous forme de rayonnement infrarouge, tandis que le reste (25 %) contribue à l'évaporation (22 %), à l'énergie cinétique des vents (2 %), à la photosynthèse (0,06 %)...

L'énergie solaire peut être utilisée pour produire de la chaleur ou de l'électricité. Dans le premier cas, on parle de *solaire thermique*, dans le second de *solaire photovoltaïque*.

3.2.1 Le solaire thermique

Tout le monde apprécie la douce chaleur des rayons du soleil après un hiver rigoureux. Cette énergie, que l'on ressent sous forme de chaleur, peut être utilisée dès qu'il y a du soleil. On l'exploite de manière passive grâce à des architectures de bâtiments bien pensées qui gèrent intelligemment l'apport calorifique du soleil et la déperdition de chaleur. Les ouvertures, la nature des vitres et l'isolation jouent un rôle important dans le bilan énergétique. Des matériaux appropriés permettent de stocker la chaleur obtenue lorsqu'il y a du soleil pour la réutiliser lorsqu'il n'y en a pas. L'architecture a aussi un rôle en favorisant l'homogénéisation des températures du bâtiment. Cette utilisation passive de l'énergie solaire a permis d'économiser presque 10 % de l'énergie totale consommée par l'Union Européenne en 1990 [30]. Dans les pays chauds, une bonne architecture permet de diminuer, voire d'éviter, la climatisation.

L'application la plus simple de l'énergie solaire est de l'utiliser pour chauffer un fluide dont on peut extraire la chaleur directement ou indirectement grâce à un échangeur. On peut ainsi produire de l'eau chaude sanitaire ou alimenter des radiateurs en portant, grâce à l'énergie solaire, ce fluide a une température de 50 à 60 °C. Si l'on a des planchers chauffants à la place des radiateurs, on peut se contenter d'eau à 25 °C. On utilise des capteurs métalliques plans dont la surface est noircie pour mieux absorber l'énergie du rayonnement solaire. Des tubes dans lesquels circule un fluide caloporteur permettent d'extraire l'énergie absorbée.

Les chauffe-eau solaires sont une des utilisations les plus simples de l'énergie solaire. Le caloporteur peut être de l'eau que l'on utilise directement s'il n'y a pas de risque de gel l'hiver, sinon il faut un échangeur dans lequel le fluide transfère sa chaleur à l'eau. Un chauffage d'appoint est parfois nécessaire pour pallier au manque d'énergie solaire. Il faut généralement une surface de 3 à 5 m^2 de capteur pour alimenter en eau chaude une famille de 4 personnes [30]. On peut également utiliser des capteurs thermiques pour le chauffage d'une habitation (ou d'une piscine) par l'intermédiaire de planchers chauffants. Il faut compter environ 1 m^2 de capteurs pour 10 m^2 d'habitation. Les capteurs thermiques produisent entre 200 et 800 kWh/m^2/an [90]. Une surface de 4m^2 permet d'alimenter en partie en eau chaude une famille de 4 personnes. Ceci correspond à un investissement moyen compris entre 2 000 et 4 000 €. Pour assurer une partie du chauffage avec des planchers chauffants, il faut entre 10 et 20 m^2 de capteurs. On peut ainsi économiser jusqu'à 50 à 60 % des besoins de chauffage. Le rendement thermique de ces capteurs est de l'ordre de 50 %.

L'énergie thermique du soleil permet aussi de produire de l'électricité par voie thermodynamique. Pour cela, il faut disposer de températures importantes que l'on atteint en concentrant la lumière solaire avec des miroirs. Ces centrales permettent d'obtenir des températures de plusieurs centaines de degrés et dépassent même parfois 1 000 °C. Des centrales avec des collecteurs cylindro-paraboliques existent à l'échelle industrielle (354 MW installés en Californie [30]). D'autres types de centrales ne sont, ou n'ont été, qu'expérimentaux (centrales à tour de Themis (2,5 MW) installée en France à Font Romeu). Les rendements sont de l'ordre de 10 à 15 % et le prix du kWh compris entre 9 et 15 centimes d'euros, c'est-à-dire encore trop cher comparé aux moyens de production standard. Elles sont intéressantes dans les pays chauds pour lesquels on a besoin d'électricité pour climatiser lorsque le soleil est au maximum.

Une tour solaire en béton de 1 km de haut, entourée de 38 km^2 de panneaux solaires thermiques, est actuellement en projet en Australie. L'air chauffé par les panneaux solaires se déplace vers la tour qui fait 130 m de diamètre en créant un courant d'air se propageant entre 35 et

50 km/h. En effet, la température au sommet de la tour est plus faible car la température chute en moyenne d'un degré tous les 100 mètres d'altitude. Ce courant d'air fera tourner les 32 turbines situées à la base de la tour. Cette centrale solaire devrait fournir une puissance de 200 MW, soit le cinquième d'une centrale nucléaire standard. Elle fonctionnera de jour comme de nuit.

3.2.2 Le solaire photovoltaïque

L'effet photovoltaïque [31] a été mis en évidence en 1839 par Becquerel en illuminant une électrode plongée dans un liquide électrolyte. Après la découverte de la photoconductivité du sélénium, en 1873 par Smith, ce même effet a été observé sur un matériau solide par Adams et Day, en 1877. La première cellule photovoltaïque, construite en 1914, avait un rendement de 1 % ; elle était utilisée pour réaliser des posemètres pour la photographie. Il a fallu attendre 1954 pour que la production d'électricité par effet photovoltaïque commence à se développer, avec la réalisation d'une première cellule en silicium monocristallin d'un rendement de 6 %. Ce dernier augmenta rapidement pour atteindre, en laboratoire, 14 % en 1958.

Les applications ont démarré vers le début des années 1960 avec des utilisations dans les satellites, les produits grand public comme des montres ou des calculettes ainsi que dans les systèmes de production de l'électricité pour des sites isolés.

Le coût de l'électricité photovoltaïque est beaucoup plus élevé (un facteur généralement de l'ordre de 10) que celui obtenu avec des combustibles fossiles ou le nucléaire, mais ses prix diminuent. C'est une énergie très intéressante pour alimenter les lieux isolés car elle évite d'investir dans des kilomètres de ligne électrique (1 km de ligne vaut environ 15 000 à 30 000 euros).

Le photovoltaïque est une énergie décentralisée. Elle est intéressante dans les régions à fort ensoleillement pour des productions relativement faibles. Elle est adaptée à de faibles exigences : un peu d'éclairage, une pompe pour assurer les besoins collectifs en eau potable et du froid pour conserver médicaments et vaccins nécessitent environ 1 kWh/jour.

La conversion de l'énergie lumineuse en énergie électrique est faite avec des matériaux semi-conducteurs. Le marché du photovoltaïque est dominé par le silicium monocristallin, polycristallin ou amorphe. Les cellules photovoltaïques en silicium monocristallin sont obtenues en découpant en tranches fines de 300 à 400 μm d'épaisseur un lingot de silicium monocristallin fabriqué par lent refroidissement de silicium fondu.

Le silicium polycristallin est obtenu à partir d'un lingot de silicium refroidi plus rapidement. Il se forme alors des petits cristaux séparés par des joints de grains. La fabrication d'un lingot de silicium polycristallin est plus rapide et demande moins d'énergie que celle d'un monocristallin mais les cellules obtenues ont un rendement de conversion plus faible.

Contrairement aux deux formes de silicium précédentes, le silicium amorphe ne présente pas d'ordre atomique à grande distance. Son avantage est de pouvoir être fabriqué en couche mince sur un substrat de verre, de manière continue, mais son rendement photovoltaïque est plus faible.

Dans un matériau semi-conducteur, la concentration en porteurs de charge est très inférieure à celle des métaux. Les niveaux d'énergie sont caractérisés par l'existence d'une bande interdite, séparant la bande de valence de la bande de conduction. Pour faire passer un électron de la bande de valence à la bande de conduction, en créant un trou dans la première, il faut fournir une énergie minimum que l'on appelle le *gap*. C'est une caractéristique spécifique du semi-conducteur. Ce gap vaut 1,1 eV pour le silicium et 1,7 eV pour le silicium amorphe. Lorsque les photons issus du soleil frappent la cellule, certains sont réfléchis, d'autres passent au travers de la cellule et certains sont absorbés. Les photons absorbés dont l'énergie est supérieure à celle du gap du semi-conducteur peuvent créer une paire électron-trou (un électron dans la bande de conduction et un trou (place vide laissée par l'électron parti) dans la bande de valence). Pour obtenir un courant, il faut séparer l'électron et le trou. Pour cela, on crée un champ électrique dans un assemblage de semi-conducteurs, une diode *p-n* par exemple. La zone *p* correspond au semi-conducteur dopé avec des atomes accepteurs d'électrons qui se placent dans le réseau cristallin ; on a alors des trous excédentaires. La zone *n* correspond au semi-conducteur dopé avec des atomes donneurs d'électrons ; on a donc un excès d'électrons. L'excès d'électrons dans la zone *n* et l'excès de trous dans la zone *p* créent un champ électrique qui permet de séparer les charges générées par l'effet photoélectrique. Pour le silicium, on obtient une zone *p* en le dopant avec du bore et une zone *n* en le dopant avec du phosphore.

Le rendement des panneaux solaires fabriqués industriellement varie de 13 à 18 % pour le silicium cristallin et de 7 à 8 % pour le silicium amorphe. Ce dernier matériau a un rendement qui diminue jusqu'à 6 % les premières semaines avant de se stabiliser[2]. On utilisait jusqu'à présent du silicium issu des rebuts de l'industrie micro-électronique, qui sont refondus pour être ensuite découpés. Ces quantités sont désormais insuffisantes. Peu d'industriels souhaitent investir dans des usines de silicium de qualité solaire, la profession annonçant des solutions à terme plus économes en matériau : ruban, couches minces, smartcut... Celles-ci commencent à apparaître.

Une cellule photovoltaïque délivre une tension électrique continue de moins d'un volt et une puissance de l'ordre de 1 à 3 W. Les tensions utilisées sont habituellement de 12, 24 et 48 V, ce qui nécessite la mise en série de plusieurs cellules. Pour obtenir une puissance supérieure, on associe ces séries de cellules en parallèle. Ceci permet d'obtenir des panneaux ayant une puissance de plusieurs dizaines de watts crête (W_c)[3]. Il faut noter que la puissance délivrée par un panneau chute lorsque la température augmente.

La majorité des modules photovoltaïques est constituée de tranches de silicium, dopées pour les raisons expliquées plus haut, traitées en surface à l'oxyde de titane, par exemple, puis encapsulées. On fabrique un générateur photovoltaïque en interconnectant un ensemble de modules entre eux. Un système photovoltaïque comporte une structure rigide pour poser les modules, du câblage, une batterie et son régulateur de charge si l'on stocke l'énergie électrique, et un onduleur lorsque l'on utilise des appareils fonctionnant en courant alternatif.

Voyons à présent l'ordre de grandeur de la capacité de production d'électricité à partir de cellules photovoltaïques. La puissance reçue en plein soleil est de 1 000 W/m^2. Le rendement moyen d'une cellule est d'environ 10 %, car celui-ci diminue lorsque la température augmente. L'équivalent de la durée journalière à pleine puissance est de l'ordre de 3 à 4 heures par jour, soit environ 1 000 à 1 500 h/an. Ceci nous donne une production journalière de 300 à 400 Wh/m^2/jour, c'est-à-dire entre 100 et 150 kWh/m^2/an. Un panneau de 1W_c fournit généralement 1kWh/an. La production mondiale d'électricité photovoltaïque a été de 840 GWh en 2004 [90, 91], soit presque 3 500 fois moins que le grand

2. Ces rendements correspondent à la fabrication industrielle de panneaux de plusieurs m^2. En laboratoire (surfaces de 1 à 100 cm^2), ou pour de petites séries, les rendements peuvent être bien supérieurs. Ainsi, pour le silicium cristallin, on peut atteindre des rendements de 26 % en laboratoire et 22 % en petite série.

3. La puissance des panneaux solaires est en général donnée en watt crête ; c'est la puissance délivrée dans des conditions de référence correspondant à un éclairement solaire de 1000 W/m^2 et une température de 25 °C.

hydraulique, pour une peu moins de 1200 MW_c installés. Les trois pays qui ont la plus grande capacité photovoltaïque installée sont l'Allemagne, l'Espagne et l'Italie avec 40 % de la puissance mondiale installée [92].

Les avantages du photovoltaïque sont sa fiabilité, sa modularité, son faible coût d'utilisation et le fait qu'il ne pollue pas en fonctionnement. Toutefois, la fabrication des cellules solaires est coûteuse en énergie[4] et met en jeu des produits polluants.

Le prix des panneaux photovoltaïques baisse régulièrement mais de gros progrès restent à faire. Ainsi le prix du watt crête est passé de 12 à 15 euros dans les années 1980, à 6 euros dans les années 1990 et 3,30 euros en 2000. Compte tenu de la forte demande, la matière première (silicium de qualité électronique) est passée de 15 $/kg en 2000 à 75-100 $/kg en 2005 [90]. C'est ce qui explique maintenant le développement de filiaires permettant de fabriquer un matériau solaire de qualité.

Le photovoltaïque est en plein développement dans le monde. La production mondiale de modules photovoltaïques est ainsi passée de 5 MW_c en 1982 à 60 MW_c en 1992. Elle a été de 280 MW_c en 2000 et de 385 MW_c en 2001. Le coût final du watt crête est différent si le système est couplé au réseau électrique ou isolé. Dans le premier cas, il suffit d'un onduleur, ce qui conduit à une fourchette de prix allant de 3,80 à 5,30 euros/W_c. Dans le second, il faut une batterie de stockage dont le prix varie entre 1,50 et 4 euros par W_c ce qui conduit, pour l'ensemble du système, à un prix revenant entre 5,30 et 9,30 euros/W_c[5].

Pour le photovoltaïque raccordé au réseau, le prix du kWh est compris entre 25 et 50 centimes d'euros. Ce n'est pas rentable dans un pays comme la France mais pourrait le devenir en installant des toits, avec le photovoltaïque et le thermique intégrés, qui assureraient les fonctions de couverture tout en permettant de produire de l'électricité et de la chaleur.

4. Pour fixer les idées, la fabrication d'un module de 1 W_c en silicium monocristallin nécessite une énergie d'environ 5 kWh. Il faut de l'ordre de 4 à 5 années de fonctionnement d'un panneau pour récupérer l'énergie qu'il a fallu pour le construire.

5. Le module photovoltaïque et les batteries représentent respectivement 67 % et 14 % de l'investissement, alors qu'au bout de 20 ans le module ne représente plus que 33 % du coût et les batteries 48 %. Cette évolution vient de la longue durée de vie des modules (plus de 30 ans) alors que les batteries ont une durée de vie beaucoup plus courte (généralement 5 ans) et doivent être changées plusieurs fois en 20 ans.

Le photovoltaïque autonome est plus cher car il inclut les moyens de stockage. Le prix du kWh se situe dans une fourchette de 0,75 à 1,50 euros. Il est intéressant pour les sites isolés, pour lesquels un raccordement au réseau serait beaucoup plus coûteux. Dans les pays en voie de développement, ce prix est compétitif comparé à l'utilisation de groupes électrogènes, de bougies, de lampes à kérosène ou de piles. Le coût de ces dernières peut se chiffrer en centaines d'euros pour 1 kWh.

Un des problèmes majeur du photovoltaïque autonome est celui de la batterie au plomb. En effet, si un panneau solaire peut durer jusqu'à 30-40 ans, il n'en n'est pas de même de la batterie. Si celle-ci est de qualité (batterie tubulaire), la durée de vie peut atteindre 12 ans. Si elle est de qualité médiocre elle ne dure que 2 à 4 ans. Comme le temps de retour d'une batterie au plomb est de 2 ans si elle est recyclée et de 4 ans si elle ne l'est pas, on voit que lors de l'utilisation de batteries de médiocre qualité mais peu chères, on ne récupère jamais l'énergie qu'il a fallu pour la fabriquer.

3.3 L'ÉNERGIE ÉOLIENNE

L'énergie éolienne est utilisée depuis très longtemps, en particulier pour la navigation à voiles, mais aussi par les moulins à vent pour remonter l'eau des puits ou pour moudre du grain. Au Ve siècle avant Jésus-Christ on trouve, en Grèce, les premières éoliennes à axe vertical comme source d'énergie mécanique. Vers la même époque, on utilise des moulins à vent à axe horizontal en Égypte [32]. Ces derniers se sont développés en Europe à partir du VIIe siècle et leur technologie s'est peu à peu sophistiquée pour culminer avec les moulins hollandais. L'idée de fabriquer de l'électricité à partir de l'énergie du vent date de 1802 (Lord Kelvin), mais il fallut attendre l'invention de la dynamo, en 1850, pour donner naissance au principe des éoliennes modernes. Le système permettant de produire de l'électricité à partir du vent est appelé *aérogénérateur*.

L'énergie éolienne a été très utilisée (il y avait ainsi environ 300 aérogénérateurs en France en 1920) avant que le prix du pétrole ne rende cette source d'énergie économiquement peu compétitive. Depuis les années 80, on observe une forte progression de l'éolien. Alors que la puissance mondiale installée et raccordée au réseau électrique était très faible au début des années 80, elle atteint 2 GW en 1990, 13,4 GW en 1999, 16 GW en 2000, environ 20 GW en 2001 [32] et 59,3 GW fin 2005 [90]. L'essentiel est en Europe (40,5 GW) avec l'Allemagne (18,4 GW), l'Espagne (10 GW) et le Danemark (3,1 GW).

L'Allemagne et le Danemark sont proche de la saturation des sites et pourtant, au Danemark, l'énergie éolienne ne représente que 15 % de la production totale d'électricité [90].

L'énergie éolienne provient du rayonnement solaire qui réchauffe inégalement la surface de la terre (l'énergie absorbée est plus importante à l'équateur qu'aux pôles). Cela crée des inhomogénéités de température et de pression qui conduisent à des déplacement d'air. À l'échelle planétaire, ceux-ci s'effectuent des zones de haute pression vers les zones de basse pression. Ils sont fortement influencés par la force de Coriolis, qui s'exerce perpendiculairement à la direction du mouvement dans l'hémisphère nord et en sens contraire dans l'hémisphère sud.

La mer et les continents, qui n'absorbent pas le rayonnement solaire de la même manière, génèrent aussi des vents. Ainsi, la brise de mer ou de terre, connue des navigateurs à voiles, a pour origine cette différence de température entre l'air situé au-dessus de la mer et celui situé au bord de celle-ci[6].

Les inhomogénéités de température et de pression de l'air, créées par le rayonnement solaire, induisent des instabilités difficiles à prédire ; elles conduisent au vent que l'on observe. Dans une région donnée, la vitesse du vent varie au cours du temps. Seule une observation réalisée sur une longue période (plusieurs années), permet de connaître, statistiquement, si un site est venté et les principales caractéristiques du vent selon les périodes de l'année.

La puissance par unité de surface d'un fluide est donnée par $P = \rho V^3/2$ où ρ est la masse volumique du fluide et V sa vitesse hydrodynamique. On ne peut pas récupérer la totalité de cette puissance, car la vitesse de l'air derrière les pales d'une éolienne ou d'un moulin à vent ne peut être nulle. On peut montrer, pour un fluide incompressible, que le rendement théorique maximal est 16/27 ($\sim$ 60 %) de la puissance cinétique de l'écoulement. Ce résultat est connu sous le nom de *loi de Betz*. En tenant compte de cette limite, et en supposant des conditions normales de température et de pression (15 °C, 1 013 mb), la puissance maximale par unité de surface, en W/m^2, que l'on peut obtenir pour un vent de vitesse V en m/s est $P = 0{,}37V^3$.

6. Le jour, la terre se réchauffe plus vite que la mer. L'air chaud qui la surplombe s'élève et laisse place à l'air froid en provenance de la mer. Le phénomène s'inverse la nuit car la terre se refroidit plus vite que la mer. Ainsi, le vent souffle de la terre vers la mer le matin, car la surface de cette dernière est plus chaude, puis de la mer vers la terre l'après-midi, car la surface de la terre devient plus chaude que celle de la mer.

Pour une hélice de diamètre d qui balaye une surface S, la limite de Betz donne une puissance en watts pour l'éolienne qui vaut :
$0{,}37SV^3 = 0{,}37(\pi/4)d^2V^3 = 0{,}29d^2V^3$.

Elle est donc proportionnelle au cube de la vitesse du vent et au carré du diamètre du rotor de l'éolienne. Compte tenu des rendements (hélice et autres composants), les aérogénérateurs commercialisés actuellement ont un rendement électrique, à la vitesse nominale, compris entre 30 % et 50 % de la limite de Betz. Ce rendement dépend de la vitesse de rotation de l'hélice.

La vitesse du vent varie avec la hauteur par rapport au sol. Elle augmente avec l'altitude mais la variation dépend de la nature du sol. Il est préférable d'avoir un terrain peu accidenté pour minimiser la variation de vitesse le long des pales et diminuer les contraintes mécaniques sur celles-ci. Comme la vitesse du vent à une hauteur de 50 m peut être de 25 à 35 % supérieure à celle à 10 m, la puissance double. Ceci explique l'intérêt d'avoir des aérogénérateurs de grande hauteur.

Lorsqu'un vent de vitesse constante arrive sur une surface, il crée une force dont la valeur dépend de l'angle d'incidence avec celle-ci. Cette force peut être décomposée en deux parties : l'une perpendiculaire à la direction du vent (*la poussée*), l'autre dans la direction de celle-ci (*la traînée*). Pour de faibles incidences (< 15°), la poussée croît avec la vitesse du vent plus rapidement que la traînée. Pour une pale d'éolienne, la poussée crée un couple moteur qui fait tourner celle-ci dans le plan perpendiculaire à la direction du vent. Comme pour un bateau à voiles, la vitesse du vent sur les pales est celle du *vent apparent* ou *vent relatif*. C'est la résultante du vent réel et de la vitesse de déplacement de la pale. Le rendement (rapport entre la puissance récupérée et la puissance fournie par le vent) dépend, pour chaque portion de la pale, de l'incidence du vent.

La vitesse moyenne du vent à 10 m au-dessus du sol en zone libre de tout obstacle varie généralement de 1 m/s à 10 m/s. En terme de puissance, cela signifie que cette dernière peut varier de 1 à 1 000, ce qui est une dynamique considérable.

En France, la puissance éolienne dépend du site [33] : 500 kWh/m^2/an à Toulouse, 1 200 kWh/m^2/an dans le bassin parisien, 6 800 kWh/m^2/an dans un site très venté comme à Força Real, près de Perpignan.

Un vent de qualité est régulier. Toutes variations rapides de sa vitesse et de sa direction sont défavorables à son exploitation. Les turbulences sont en particulier très néfastes pour les éoliennes car elles en diminue le rendement et fatiguent les pièces mécaniques.

Si l'énergie du vent est gratuite, sa récupération ne l'est pas. De plus, cette source d'énergie est intermittente ; les navigateurs à voiles le savent bien et parlent des caprices du vent. Comme la puissance obtenue est proportionnelle au cube de la vitesse du vent, si celle-ci est multipliée par 2, la puissance est multipliée par 8. Une éolienne moderne nécessite un vent d'au moins 5 m/s (18 km/h, soit un vent de force 3 dans l'échelle de Beaufort). Si l'on considère un aérogénérateur de 750 kW, la puissance maximum est obtenue pour une vitesse du vent égale à 15 m/s (54 km/h, soit un vent de force 7 ; à cette vitesse, la marche contre le vent est pénible et les arbres sont agités). La puissance fournie par cette éolienne pour une vitesse du vent de 5 m/s n'est que de 28 kW, *i.e.* très faible. Pour avoir une puissance produite convenable, il ne faut pas avoir un vent dont la vitesse est inférieure à environ 11 m/s, soit environ 40 km/h (force 6).

Le contrôle de vitesse d'une éolienne intervient à partir de 15 m/s. On arrête son fonctionnement à 25 m/s (90 km/h) sinon elle risque d'être endommagée. Certaines sont prévues pour être couchées lors de vents violents (cyclones, ouragans). C'est le cas des éoliennes à 2 pales fabriquées par la société Vergnet qui peuvent résister, couchées, à des vents allant jusqu'à 300 km/h.

Il existe deux grands types d'éoliennes : celles dont l'axe de rotation est horizontal par rapport à la direction du vent, et celles dont l'axe de rotation est vertical. Les aéromoteurs les plus répandus, car leur rendement est meilleur, appartiennent à la première famille et leur axe horizontal est parallèle à la direction du vent. Les éoliennes à axe vertical sont d'une conception plus simple mais d'un rendement plus faible.

La simplicité d'une éolienne n'est qu'apparente car elle exige des mécanismes de fonctionnement complexes. Les matériaux doivent être très résistants car la vitesse du vent peut varier dans une large gamme.

Le problème majeur du vent est son instabilité. Par conséquent, il est difficile d'utiliser l'éolien comme seule source d'énergie, ou alors il faut disposer de moyens de stockage. Une éolienne fonctionne de l'ordre de 1 550 à 2 000 heures par an à puissance nominale. Certains sites favorisés peuvent aller jusqu'à 3 000, voire 3 500 heures.

Le coût du kWh est encore élevé, de l'ordre de 5 à 12 centimes d'euros, aussi cette énergie est-elle subventionnée. En France, où la puissance éolienne installée est faible comparée à d'autres pays comme l'Allemagne, ceci représentera un coût pour la collectivité de 600 millions d'euros en 2010 si 5 000 MW d'éoliens sont installés.

Toutefois, l'éolien s'avère compétitif dans certaines régions comme la Guadeloupe, par exemple. Comme pour le photovoltaïque autonome, l'éolien est bien sûr plus cher dans le cas où il n'est pas raccordé au réseau puisqu'il faut prévoir des moyens de stockage.

Il faut beaucoup d'éoliennes pour produire de grandes quantités d'énergie. Pour avoir une puissance équivalente à 1 GW électrique, il faudrait disposer d'environ 5 000 éoliennes de 750 kW. L'effet de taille ne joue pas avec les éoliennes car, pour maintenir le bruit à un niveau raisonnable, il faut limiter la vitesse linéaire en bout de pale. Ainsi, une grande éolienne doit tourner moins vite qu'une petite. Le seul intérêt d'avoir de grandes éoliennes est d'en diminuer le nombre et donc l'impact visuel. On a donc tendance à développer l'éolien offshore (éoliennes sur la mer) mais le problème est plus complexe (corrosion, intervention limitée à 2 mois dans l'année, etc.).

Le vent n'est pas toujours au rendez-vous et les rendements parfois pas aussi élevés qu'attendus. Ainsi, la société Allemande EON a rapporté, en 2004 [93], que les 14,3 GW installés en Allemagne n'ont produit que 18,6 TWh, soit un rendement de seulement 14,8 % donc loin des 30 % dont on parle habituellement.

Le grand éolien terrestre nécessite d'être intégré dans un réseau, ce qui est un peu une contradiction par rapport à ce que l'on attend d'une énergie renouvelable, c'est-à-dire d'être décentralisée. La raison vient de ce que les grandes éoliennes sont installées dans des endroits où le vent est fort et régulier et où, généralement, la densité de population est faible. La quantité d'électricité produite est bien supérieure aux besoins locaux et doit être évacuée sur le réseau. Si celui-ci n'existe pas près de la ferme d'éoliennes, il faut le construire et effectuer les raccordements nécessaires. S'il existe, il peut être nécessaire de le renforcer.

La taille des éoliennes est sans cesse croissante et ce sera aussi le cas pour l'éolien offshore. On a actuellement des éoliennes de plusieurs MW et il existe pour 2010 des projets d'éoliennes de 10 MW (rotor de 160 m de diamètre) et de 20 MW pour 2020. Cela semble toutefois la limite de ce que l'on pourra réaliser à un coût économiquement acceptable.

Dans l'optique d'une production qui ne soit pas de l'appoint, l'éolien doit être complété par des moyens classique de production car il faut pouvoir fournir de l'électricité lorsqu'il n'y a pas de vent (pendant environ les 2/3 du temps). Une centrale à gaz est ce qui est le plus approprié pour répondre à ce besoin. Une offre de grand éolien, pour satisfaire à une production principale, ne peut donc s'imaginer sans des centrales à gaz pour fournir de l'énergie lorsqu'il n'y a pas de vent. On peut espérer si l'on a un parc important d'éoliennes réparties sur un très grand territoire qu'il ait au moins du vent quelque part (phénomène de foisonnement). Malheureusement ce n'est pas toujours le cas comme l'on montrées certaines situations de canicules ou de périodes de froid avec un anticyclone persistant.

L'éolien est tout à fait justifié dans un pays comme le Danemark, par exemple, car ce dernier produit une grande part de son électricité avec du charbon. L'éolien fonctionnant à peu près le tiers du temps, cela permet de réduire les émissions de CO_2 du tiers. Par contre, dans un pays comme la France, en temps que moyen de production supplémentaire, il faudrait aussi installer des centrales à gaz pour pallier aux déficiences du vent (les 2/3 du temps) ce qui aurait pour effet d'augmenter nos émissions de CO_2.

3.4 LA BIOMASSE

La biomasse est l'énergie stockée dans la matière vivante comme la végétation. L'utilisation de cette dernière pour produire de l'énergie est une façon indirecte d'utiliser l'énergie solaire. L'usage du bois remonte à des temps très anciens, que l'on estime se situer il y a environ 500 000 ans, lorsque l'homme a découvert et régulièrement utilisé le feu pour se chauffer et s'éclairer. La biomasse se situe, en grande partie, hors des circuits commerciaux traditionnels[7] bien qu'elle représente une part non négligeable de la consommation énergétique mondiale. Elle est en particulier prépondérante dans beaucoup de pays en voie de développement à faible densité de population. Pour 3 milliards d'individus, soit la moitié de l'humanité, la biomasse dite traditionnelle (sous la forme de bois, de déchets végétaux, de charbon de bois auxquels on rajoute de la bouse de vache séchée) est la source principale, sinon unique, d'énergie [34]. Elle est souvent utilisée dans un foyer ouvert très polluant dont le rendement énergétique est faible ($\approx$ 10 %). Le nombre d'utilisateurs de biomasse a fortement augmenté en 200 ans puisqu'il est passé de 1 milliard en 1800, soit la population de la planète, à 3 milliards aujourd'hui. Cette ressource a été beaucoup utilisée

7. En France, l'utilisation de bois de feu commercial pour le chauffage est de 2,5 millions de m^3 par an et de 19,5 millions de m^3 par an pour celui qui est hors des circuits commerciaux.

dans le passé. Ainsi, en France, l'exploitation massive du bois a conduit à une déforestation aux XVIIe et XVIIIe siècles.

Les végétaux accumulent, lors de leur croissance, de l'énergie dans des liaisons chimiques carbone-hydrogène par le processus de photosynthèse que l'on peut représenter sous la forme simplifiée suivante :

$$n\,(CO_2 + H_2O) \xrightarrow{h\nu} (CH_2O)_n + nO_2 \qquad (3.1)$$

Le gaz carbonique et l'eau sont ainsi transformés, sous l'action de la lumière, en hydrates de carbone et en oxygène. Les végétaux captent l'énergie solaire intermittente et la stockent. Le rendement est néanmoins faible [35]. En effet, il n'y a que le tiers de l'énergie solaire qui participe au processus de bioconversion, puisque seule la partie visible du spectre solaire est impliquée et une partie de celle-ci est transmise au sol à travers le feuillage. Il faut de plus huit photons pour réduire une mole de CO_2 dans le processus photochimique des végétaux supérieurs et des algues. Le rendement à l'échelle cellulaire ne dépasse donc pas 30 %. À l'échelle de la culture, le rendement théorique maximum est inférieur à 6 %. D'autres facteurs naturels limitent encore le rendement, qui ne dépasse pas 2 % pour la canne à sucre, par exemple. Dans un pays tempéré comme en France, il est compris entre 0,4 à 1 % pour les cultures et est inférieur à 0,2 % pour les forêts. Le flux solaire moyen arrivant sur notre pays correspond à environ 1 100 tep/ha/an. Avec un rendement de conversion de 0,5 %, ceci correspond à une production d'énergie de 5,5 tep/ha/an, soit 15 tonnes de matière sèche par hectare et par an.

La biomasse est utilisée pour l'alimentation, l'industrie (ameublement, pâte à papier, *etc.*) et l'énergie. En dehors de ces applications, elle est importante pour la protection des équilibres biologiques, la lutte contre l'érosion, *etc.* Son utilisation prioritaire est bien sûr pour l'alimentation. Pour donner quelques ordres de grandeur, l'énergie fixée par la photosynthèse correspond environ à 10 fois l'énergie consommée dans le monde. Celle-ci se retrouve pour 60 % sous forme de biomasse terrestre et pour 40 % sous forme marine [35]. La quantité d'énergie correspondant à la nourriture ne représente environ que le vingtième de l'énergie totale consommée dans le monde.

Comme le montre l'équation (3.1), la croissance de la biomasse absorbe du gaz carbonique, ce qui est bénéfique vis-à-vis de l'accroissement de l'effet de serre. Celui-ci sera rejeté lorsque la biomasse sera brûlée. Le bilan semble équilibré mais il faut aussi inclure dans celui-ci la contribution des gaz à effet de serre émis lors de la fabrication des engrais ainsi que ceux dégagés lors de toutes les opérations de transport, de manutention et de traitement. Néanmoins, le bilan global reste intéressant par rapport à l'utilisation des combustibles fossiles.

La valorisation énergétique de la biomasse se fait, pour les produits humides, par des transformations biochimiques qui sont lentes et, pour les produits secs, par des transformations thermochimiques rapides à température élevée.

La moitié du bois que l'on utilise l'est à des fins énergétiques. La surface de la forêt française est de 14,6 millions d'ha, ce qui représente le quart du territoire, 14 % de la forêt de l'Europe des quinze et 0,3 % de la forêt mondiale. On peut produire entre 3 et 15 tonnes de biomasse sèche à l'hectare [35]. Le bois a une faible teneur en eau comparé aux autres matières végétales : 40 % à 60 % pour le bois frais, 20 % à 25 % pour le bois séché à l'air. Son pouvoir calorifique est de 14 à 18 MJ/kg s'il est sec et de 10 à 13 MJ/kg s'il est séché à l'air (25 % d'humidité). En tenant compte du rendement des chaudières, 1 tonne de bois séché à l'air est équivalente à 0,25 tep. En fait, le bois ne brûle pas. Lorsqu'il est chauffé, il absorbe d'abord de la chaleur pour éliminer son humidité avant d'émettre, vers 200°C, des gaz : c'est le phénomène de *pyrolyse*. En présence d'air, ceux-ci s'enflamment et libèrent de la chaleur, et la température monte vers 800°C. Le bois se transforme en charbon de bois combustible dont le pouvoir calorifique est de 33 MJ/kg.

On peut produire des biocarburants à partir des végétaux. Ils sont pour le moment plus chers que ceux tirés du pétrole mais sont un apport intéressant pour l'économie. Ils peuvent être mélangés aux carburants usuels dans des proportions de l'ordre de 5 % à 10 %, voire plus. On peut ainsi produire de l'éthanol ou un ether dérivé, l'ETBE (éthyl-tertio-butyl-ether). Ils sont utilisés soit purs (l'éthanol est utilisé au Brésil depuis les années 70), soit mélangés à l'essence. Pour remplacer le diesel on peut aussi produire de l'ester méthylique d'huile de colza. Les biocarburants utilisés aujourd'hui sont qualifiés de première génération.

Le rendement en biocarburant dépend beaucoup de la variété agricole utilisée. Ainsi un hectare de blé produit 2 500 l d'éthanol alors qu'un hectare de betterave en donne 6 500 l. Un hectare de colza produit 1 300 l d'ester. Le bilan énergétique, c'est-à-dire le rapport entre l'énergie que l'on peut récupérer et celle nécessaire pour fabriquer le biocarburant dépend de la nature de ce dernier et du type de culture. Il est de l'ordre de 1,5 pour le bioéthanol et de 2 pour l'ester de colza mais cela dépend des cultures utilisées et de la manière dont on utilise la plante. Les pessimistes diront que le gain n'est pas intéressant. Les optimistes verront dans les biocarburants de première génération un amplificateur d'énergie puisqu'en utilisant 1 l de pétrole on a à sa disposition plus d'1 l de biocarburant. À ceci s'ajoute le fait que ces carburants sont produits sur le sol national, ce qui diminue les importations, et favorise l'agriculture. L'inconvénient est que l'engouement actuel vis à vis des biocarburants peut faire augmenter les prix d'autres denrées alimentaires puisqu'il y a compétition entre l'utilisation des sols.

Pour ce qui concerne l'éthanol, c'est aujourd'hui le Brésil qui produit ce produit au coût le plus bas (de l'ordre de 40 $ le baril équivalent pétrole en 2005) car il utilise la canne à sucre qui est une plante d'un excellent rendement. De plus, la bagasse, sous-produit de la plante permet de produire une partie de l'énergie nécessaire au procédé. Les biocarburants ont un effet positif sur la pollution : moins d'oxydes de soufre, moins de particules pour l'ester de colza, moins d'oxyde de carbone. Il y a par contre augmentation de l'émission des oxydes d'azote car ces carburants sont oxygénés par rapport au pétrole et production d'aldéhydes. En 1 999, 250 000 tonnes de diester et 200 000 tonnes d'ETBE ont été produits grâce à 350 000 ha de cultures dédiées. En 2004, la France a produit 504 000 tonnes de biocarburants liquides et cette production est en constante augmentation. Cette même année, le Brésil a produit 12,3 Mt de biocarburants et la production mondiale a été de 30 millions de tonnes [91].

La directive européenne du 8 mai 2003 a demandé à ce que la part de biocarburants soit de 2 % en 2005 et de 5,75 % en 2010, parts calculées sur la base de la teneur énergétique. Le gouvernement Français s'est engagé, en 2005, à atteindre l'objectif des 5,75 % dès 2008 contre 1,2 % en 2004. Il a souhaité que l'on atteigne 7 % en 2010 et 10 % en 2015. Le rendement de la filière ester (à partir du colza ou du tournesol) est de l'ordre de 1 tep/ha. Les rendements de l'éthanol sont meilleurs (1,5 à 2 tep/ha) pour les céréales (blé, maïs) et atteignent 3,5 à 4 tep/ha à partir de la betterave. Toutefois cette dernière culture nécessite beaucoup d'eau, d'intrants et ne peut être faite que dans des sols riches. Pour être durable, il est nécessaire de la pratiquer en alternance.

Les biocarburants de deuxième génération utilisent la biomasse lignocellulosique (bois, pailles, déchets forestiers, etc.) qui a l'avantage de pousser sans engrais. Les plantes qui poussent rapidement, comme des taillis à courte révolution par exemple, offrent les meilleurs rendements. L'objectif est aussi d'exploiter la plante dans sa totalité. Après gazéification de la biomasse, on peut synthétiser des carburants par la méthode de Fischer-Tropsch. Ce procédé, utilisé en Allemagne pendant la deuxième guerre mondiale et plus récemment en Afrique du Sud, permet de produire un pétrole très pur (en particulier sans soufre). Pour augmenter le rendement de production à l'hectare, l'idée est d'utiliser une source d'énergie extérieure ne produisant pas de gaz à effet de serre et d'amener un excédent d'hydrogène lors de la synthèse du carburant afin d'utiliser tous les atomes de carbones contenus dans la biomasse. On peut actuellement produire, dans des installations de recherche, 1 litre de carburant pour environ 6 kg de bois mais l'objectif est de produire 1 litre de gazole avec 2 kg de bois d'ici environ cinq ans. Le rendement est bien meilleur que celui des biocarburants de première génération. Un hectare de colza produit de l'ordre d'une tonne de biocarburant de première génération, alors que la même surface de biomasse lignocellulosique fournirait le double voire le triple de biocarburant seconde génération.

L'exploitation de la biomasse est intéressante en France. Elle doit se faire dans des unités collectant la biomasse à une distance qui ne doit pas dépasser la centaine de kilomètres. Si l'on souhaite mieux valoriser la biomasse pour lutter contre l'effet de serre, il faut d'abord planter avant d'exploiter. En effet, exploiter sans replanter en contrepartie ne fait que diminuer le stock de biomasse terrestre, ce qui est analogue à ce que l'on fait lorsque l'on utilise des combustibles fossiles.

Traduite en tep, la nourriture à l'échelle de la planète ne représente que 500 à 600 Mtep, soit environ 6 % de la consommation d'énergie primaire. Alors que ce poste était majoritaire aux premiers temps de l'humanité, il est maintenant devenu, pour les pays développés, une faible part de leur consommation énergétique.

Signalons enfin la biomasse marine dont le rendement à l'hectare peut être jusqu'à dix fois supérieur à celui de la biomasse terrestre.

3.5 L'ÉNERGIE GÉOTHERMALE

La température augmente au fur et à mesure que l'on descend dans l'écorce terrestre. Ce phénomène a pour origine le flux d'énergie géothermique. Bien que le noyau terrestre soit très chaud (d'une température d'environ 4 200 °C) et se refroidisse lentement, ce n'est pas à cause de lui que l'écorce terrestre produit de la chaleur. Celle-ci a essentiellement pour origine la radioactivité naturelle, essentiellement l'^{235}U, l'^{238}U, le thorium, le ^{40}K. Bien que la chaleur dégagée soit faible (18 J/g/an pour l'^{235}U, 0,8 J/g/an pour le thorium naturel ou le ^{40}K [37]) son accumulation dans la croûte terrestre suffit à générer de la chaleur, qui peut être accumulée et stockée dans des réservoirs naturels comme des nappes d'eau souterraines. En fait 99 % de notre planète est à une température supérieure à 200 °C ce qui explique que, bien que la géothermie ne soit pas une énergie renouvelable, elle est considérée comme telle puisqu'elle est inépuisable à l'échelle humaine. Cela ne veut bien sûr pas dire que la ressource d'un puits géothermique ne s'épuise pas mais on peut en creuser un ailleurs lorsque c'est le cas au bout de quelques décennies par exemple.

Le gradient géothermique, *i.e.* l'augmentation de température en fonction de la profondeur, est en moyenne de 3,3 °C par 100 m dans les zones dites normales. Le flux de chaleur géothermique est en moyenne de 0,06 W/m^2, *i.e.* environ 3 500 fois moins que le flux solaire reçu à la surface du sol [30]. Pour le Bassin parisien, il oscille entre 3 °C et 5 °C mais il existe des zones favorisées où le gradient géothermique est plus fort. Il dépasse ainsi 10 °C/100 m en Alsace. Cette énergie stockée dans le sous-sol sort parfois spontanément sous forme de geysers, comme il en existe beaucoup en Islande. Dans les zones où les plaques tectoniques sont en interaction, on observe des remontées de magma et l'on peut avoir des températures importantes (plusieurs centaines de degrés à 1 000 m de profondeur). Les systèmes géothermaux peuvent apparaître dans les zones où le magma chaud est situé près de la surface (1 000 m à 1 500 m de profondeur). Il peut alors directement chauffer une nappe d'eau souterraine ou des roches intermédiaires. Dans certaines conditions, l'eau chaude et la vapeur du système géothermique peuvent s'échapper à l'air libre : on a affaire à des geysers ou des sources chaudes.

L'énergie géothermique était déjà exploitée par les Romains qui utilisaient l'eau des sources thermales chaudes pour le chauffage, le bain ou à des fins thérapeutiques. Cette dernière application est encore fortement développée dans le monde. La première production d'électricité à partir de l'énergie géothermale s'est faite en Italie en 1903.

Selon la température de la source géothermale, on peut classer la géothermie en différentes catégories suivant qu'elle peut produire de l'électricité ou pas [30].

La géothermie « basse énergie » correspond à des températures comprises entre 30 °C et 100 °C. Les sources se trouvent de quelques centaines de mètres de profondeur jusqu'à 2 500 m. Elles sont présentes dans de nombreuses régions du globe, essentiellement des bassins sédimentaires. C'est le cas par exemple du Bassin parisien. Lorsque l'eau n'est pas trop corrosive, on utilise la chaleur pour le chauffage, soit directement, soit *via* un échangeur lorsque la température ou la pression de la source chaude sont trop grandes. Lorsque l'eau est trop chargée en sels minéraux, on ne peut pas l'envoyer directement dans un circuit de chauffage ni la rejeter après utilisation. On la renvoie alors dans le sous-sol, ce qui a l'avantage de maintenir la pression de la source mais pourrait refroidir celle-ci. Pour éviter ce phénomène, on ne réinjecte pas l'eau utilisée à l'endroit du pompage. C'est ce qui a été fait par exemple dans le Bassin parisien à Melun. En France, l'énergie géothermique de basse énergie est utilisée pour le chauffage dans les Bassins parisien et aquitain. Cela permet de chauffer et de fournir en eau chaude 200 000 logements et correspond à une quantité d'énergie de 1 470 GWh/an. L'investissement en géothermie basse énergie est de l'ordre de 400 à 600 euros le kW installé, mais le coût de fonctionnement est très faible : de 0,05 à 0,1 centime d'euro par kWh thermique. Lorsque la température est faible, de l'ordre de 30 °C, on peut être amené à utiliser une pompe à chaleur pour extraire cette énergie. Cette dernière doit être alimentée en électricité pour fonctionner.

Les géothermies « haute et moyenne énergie » permettent de produire de l'électricité.

La géothermie « moyenne énergie » correspond à des sources d'eau chaude sous pression dont la température est comprise entre 90° et 180 °C. Elles peuvent se situer entre quelques centaines de mètres et plusieurs kilomètres de profondeur. On peut mettre en œuvre des installations permettant de produire des quantités d'électricité allant de quelques kW à quelques MW, qui correspondent à un investissement compris entre 1 000 et 4 000 euros par kW installé et à une durée de vie de 30 à 50 ans.

La géothermie « haute énergie » utilise des gisements de vapeur situés entre 1 500 et 3 000 m de profondeur, dont la température va de 250 °C à 350 °C. Lorsque la vapeur est sèche, ce qui est une situation assez rare, on peut attaquer directement une turbine pour produire de l'électricité. Lorsqu'elle est humide, il faut séparer la vapeur de l'eau liquide à la sortie du puits. Selon la manière dont on produit l'électricité (à partir de la vapeur sèche ou après séparation de celle-ci), le coût du kWh électrique varie de 4,5 à 7 centimes d'euros. Les États-Unis sont le premier producteur d'électricité d'origine géothermale avec 2 700 MW installés. La production géothermique française, incluant les départements d'outre-mer, était équivalente à 117 ktep en 2000 [11]. La puissance installée en 1998 en Guadeloupe était de 4,2 MW. En 2004, la production d'électricité mondiale issue de la géothermie a été de 55,9 TWh et celle de chaleur de 14 900 TJ [91].

L'énergie géothermale a un faible impact sur l'environnement. Elle émet peu de CO_2, mais il faut correctement prendre en compte les gaz qui sont contenus dans l'eau et qui peuvent être désorbés : méthane, hydrogène sulfuré, gaz carbonique... Il faut aussi veiller à ne pas rejeter l'eau géothermale dans la nature car celle-ci contient des sels et des métaux lourds. Ces risques sont faibles si l'on réinjecte l'eau dans le sous-sol.

L'énergie contenue dans le sol, à faible profondeur, ainsi que dans toute autre source de chaleur à basse température, peut être récupérée grâce à des pompes à chaleur. Cette méthode, insuffisamment utilisée en France, a néanmoins un avenir intéressant. Il est possible, avec une pompe à chaleur, de générer de l'ordre de 4 kWh de chaleur en consommant 1 kWh d'électricité, le reste étant pris à la source de basse température qui se refroidit. Cette méthode va bien au-delà de l'énergie géothermale et peut utiliser des sources de chaleur à basse température très diverses : mer, rivières, réseaux de chaleur, etc. La pompe à chaleur peut être considérée comme un amplificateur d'énergie.

3.6 L'ÉNERGIE DES DÉCHETS

L'énergie que l'on peut tirer des déchets peut être considérée comme renouvelable, car tant qu'il y aura des hommes il y aura des déchets. Le traitement de ces derniers a pour premier objectif de réduire au maximum leur volume et leurs nuisances de tout ordre, notamment sanitaires. Lorsque de l'énergie est dégagée ou lorsque des ressources énergétiques sont produites au cours de ces traitements, il est bien évidemment intéressant de les récupérer et de les valoriser. Les déchets organiques sont bien entendu de la biomasse. Deux mécanismes principaux permettent de produire de l'énergie à partir des déchets : la *fermentation* et l'*incinération.*

La fermentation utilise des bactéries qui décomposent les matières organiques. Cette décomposition peut se faire en présence d'air (processus aérobie) ou en l'absence de celui-ci (processus anaérobie). Le premier type est illustré par ce qui se produit dans une décharge d'ordures ménagères ou lors du traitement des eaux usées. Ce type de fermentation est exothermique, *i.e.* qu'il dégage de la chaleur.

La fermentation anaérobie est mieux contrôlée, car elle se déroule dans un réacteur parfois appelé « digesteur ». Elle est plus rapide que la fermentation aérobie. Par exemple, alors que le compostage à l'air des déchets de jardin demande plusieurs mois, une fermentation anaérobie fait le même travail en deux à trois semaines [30].

La fermentation conduit à la formation de biogaz. C'est un mélange de gaz carbonique (20 % à 50 %) et de méthane dans des proportions qui dépendent de la nature du déchet, et d'un résidu qui peut avoir des applications dans l'agriculture, pour l'amendement les sols. Les fermentations anaérobie dégagent peu de chaleur, aussi faut-il fournir de l'énergie pour entretenir la réaction, les réacteurs fonctionnant à 35 °C, voire 55 °C [30]. Une partie du biogaz produit (25 % à 80 %) est alors utilisée pour fournir cette énergie. Le biogaz contient, en plus du gaz carbonique et du méthane, de l'hydrogène sulfuré H_2S et d'autres produits. La vapeur d'eau présente conduit à l'apparition de produits acides corrosifs qui nécessitent d'utiliser des matériaux comme l'inox ou le plastique.

Les principaux déchets concernés par la fermentation anaérobie sont les déchets d'élevage (lisiers de porcs, déjection bovines, fientes de volaille), les effluents industriels (industries agroalimentaires, papeteries), les ordures ménagères ou encore les boues de stations d'épuration [30]. Les déjections animales sont une source importante d'énergie, notamment dans des pays comme la Chine et l'Inde. En France, ces déjections sont huit fois plus importantes que les déchets ménagers.

Suivant l'utilisation, le biogaz doit être plus ou moins épuré pour le débarrasser de produits comme l'hydrogène sulfuré. La plupart du temps, il est utilisé dans des installations de proximité pour produire de la chaleur, notamment pour faire fonctionner le digesteur. On peut utiliser le biogaz pour produire de l'électricité seule ou avec de la chaleur (cogénération). Plus l'installation sera importante, plus le prix du kWh produit sera bas. Typiquement, il se situe dans une fourchette de 4 à 8 centimes d'euros. Pour donner un ordre d'idée, une tonne de déchets ménagers permet de produire environ 100 m^3 à 200 m^3 de biogaz sur une durée de 15 ans [30]. Le biogaz peut aussi être utilisé, tout comme le méthane pur, comme carburant dans les véhicules[8].

L'incinération est l'autre moyen de réduire les déchets. Elle s'applique aux déchets ménagers, agricoles (paille, résidus d'usines de

8. Dans ce type d'utilisation, bien que le méthane soit comprimé à haute pression, il occupe néanmoins, à énergie égale, un volume cinq fois supérieur à un carburant liquide, ce qui limite l'autonomie des véhicules (120 km pour un réservoir de 50 L).

pâte à papier, etc.) et à certains déchets industriels (solvants usagés, goudrons, etc.). Un incinérateur est constitué d'un four qui pyrolyse les déchets. Les gaz obtenus brûlent à une température de 800 à 900 °C dans une chambre à postcombustion.

Chaque européen produit en moyenne 1 kg de déchets ménagers par jour, un habitant des États-Unis, le double. Environ 70 % de ces déchets sont combustibles. Le reste, verre, métaux, ne le sont pas. L'incinération permet de réduire le poids des déchets de 70 % et le volume de 90 %. Avec 5 à 7 tonnes de déchets ménagers, on produit une énergie équivalente à une tonne de pétrole. La quantité d'énergie obtenue est différente suivant que l'on fabrique de la chaleur ou de l'électricité. Ainsi, une tonne d'ordures permet de produire 1 500 kW thermiques mais seulement 300 à 400 kWh électriques. On peut également faire de la cogénération. Même s'il est intéressant de produire de l'énergie tout en traitant les déchets ménagers, la quantité que l'on pourrait produire ne représenterait en France qu'environ 1 % de l'énergie totale consommée.

Les déchets agricoles autres que ceux du bois sont la paille, les déchets agro-alimentaires des sucreries et huileries et les liqueurs noires des usines à papier. Un hectare de céréales produit environ 4 t de paille, dont le pouvoir calorifique est de 17 MJ/kg si elle est sèche ; sinon il est moindre. La paille a donc le même pouvoir calorifique que le bois mais occupe, pour un contenu énergétique égal à ce dernier, un volume 4 à 8 fois supérieur. On peut produire un kWh électrique à un prix à peine supérieur à celui que l'on obtient par les moyens standard. Les déchets agro-alimentaires comme la bagasse, un résidu de canne à sucre, ont, secs, un pouvoir calorifique analogue à celui du bois. Il est maintenant possible de produire 1 kWh avec 2 kg de bagasse à un coût de l'ordre de 8 centimes d'euros.

Les déchets industriels spéciaux, comme les déchets organiques, peuvent être utilisés dans des incinérateurs à haute température (plus de 1 000 °C) ou comme combustibles en remplacement du pétrole dans des cimenteries, par exemple. C'est notamment le cas des farines animales.

3.7 CONCLUSION

Les énergies renouvelables font l'objet d'un regain d'intérêt grâce aux progrès de la technologie. Elles sont intéressantes dans certaines niches de marché comme les endroits isolés, en bout de réseau électrique, dans les DOM-TOM, etc. Elles sont indispensables pour les pays en voie de développement à faible densité de population. Leur utilisation pour produire de la chaleur n'est sans doute pas assez exploitée et de gros progrès pourraient être faits dans ce domaine.

La figure 3.3 montre que l'électricité produite en France métropolitaine pendant l'année 1998, grâce aux énergies renouvelables, est très largement dominée par l'hydraulique. On remarque aussi que le bois et ses déchets, ainsi que les déchets solides, produisent plus d'électricité que le solaire ou l'éolien.

Pour la chaleur, la figure 3.4, qui donne la production en 1998 pour la France métropolitaine, montre la prédominance de la biomasse par

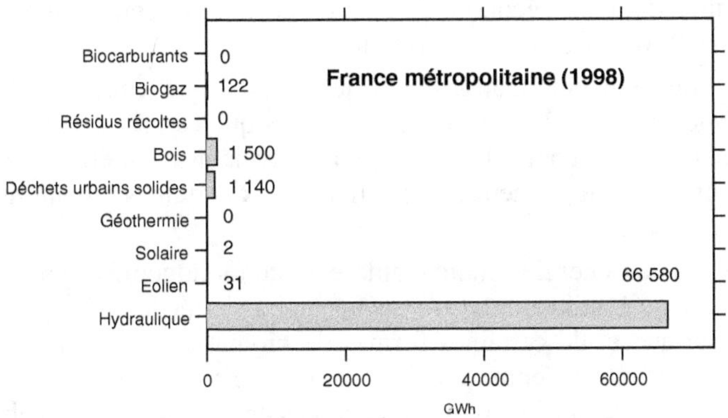

Figure 3.3 Production d'électricité (en Gwh) à partir des énergies renouvelables en 1998 pour la France métropolitaine. Source DGEMP, Observatoire de l'énergie.

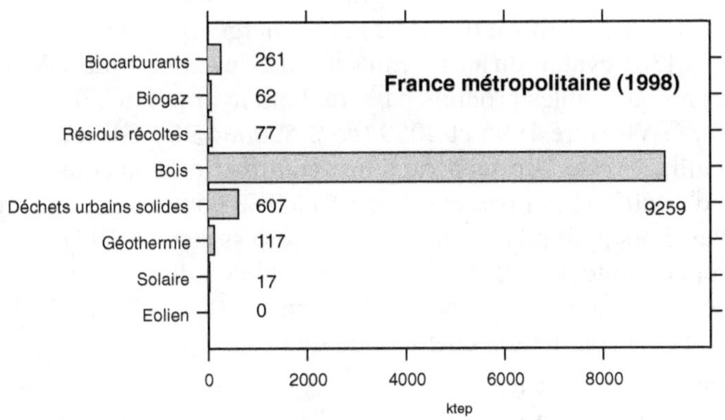

Figure 3.4 Production de chaleur (en ktep) à partir des énergies renouvelables en 1998 pour la France métropolitaine.

rapport aux autres sources d'énergie renouvelables. En additionnant la quantité d'électricité produite et la chaleur, ceci correspond à 25,8 Mtep (26,1 Mtep pour la métropole et les DOM). Cela représente une dizaine de pour-cent de la quantité totale d'énergie consommée en France, ce qui est près du double du niveau européen. Ces conclusions sont encore vraies aujourd'hui.

La biomasse est loin d'être négligeable. Elle représente aujourd'hui 4,5 % de la consommation d'énergie primaire française, sans compter celle qui est utilisée en dehors des circuits commerciaux. Rappelons que, hormis l'hydraulique, les autres énergies renouvelables ne représentent que 0,05 % de la consommation énergétique. La biomasse est donc un atout pour l'économie française et sera très certainement amenée à se développer sous diverses formes.

En France, la péréquation électrique, qui fait que le prix du kWh est le même en tout lieu et à tout instant alors que ce prix dépend de ces paramètres, joue contre les énergies renouvelables. En effet, certaines seraient économiquement compétitives dans certaines situations sans ce mécanisme.

Lorsqu'une énergie renouvelable est économiquement compétitive et commode à utiliser, elle n'a aucun mal à s'imposer. C'est le cas de l'hydraulique et de certaines formes de biomasse. Malheureusement, pour bon nombre d'entre elles, on est encore loin de la compétitivité économique, ce qui justifie les recherches entreprises pour en abaisser le coût et rendre leur utilisation plus facile. Sans rupture technologique, la pénétration des énergies renouvelables sera lente. En effet, même si leur croissance en valeur absolue est considérable, cette évolution n'est pas retrouvée en valeur relative car elle peut ne pas compenser la croissance de la demande énergétique totale. Ainsi, J.R. Bauquis [38] évalue qu'au niveau mondial le nombre de GWh électriques renouvelables produits passera, hors hydraulique, de 100 GWh à 1 250 GWh entre 1995 et 2050 (de 2 500 à 4 250 GWh en incluant l'hydraulique). Ceci correspond à une contribution à la consommation totale d'électricité qui passera de 0,8 % à 3 % pour les énergies renouvelables, hors hydraulique mais à une décroissance de 19 % à 10 % si l'on tient compte de celle-ci. Pour l'ensemble du domaine énergétique, les énergies renouvelables passeraient, entre 2000 et 2050, de 7,5 % à 8 % de la consommation énergétique totale ([38]).

Il faut développer les sources d'énergies renouvelables qui sont les mieux adaptées à un pays en termes d'économie et d'emplois. Il n'y a pas de solution universelle et les sources d'énergie renouvelables à fortement développer en France ne sont pas nécessairement les mêmes que celles de nos pays voisins. Nous avons par exemple l'avantage d'avoir une faible densité de population et une grande surface agricole comparée à certains de nos voisins. Le développement de la biomasse est donc particulièrement adapté.

Un point important concernant les énergies renouvelables est l'information et l'éducation du public qu'il faut développer. Il y a aussi et surtout la formation des jeunes aux métiers des énergies renouvelables. Nous avons en effet actuellement en France une pénurie de professionnels qualifiés capables d'installer et d'entretenir en grand nombre des sources d'énergie renouvelables. Or sans un grand nombre d'installateurs pas de développement rapide de celles-ci. Nous avons un gisement d'emplois dans ce domaine et il faudrait au plus vite former des jeunes à ces métiers d'avenir.

Il est indispensable de développer les énergies renouvelables, car elles s'inscrivent bien dans un développement durable de notre planète. Elles sont en particulier indispensables pour un grand nombre d'habitants qui vivent actuellement dans un état de pauvreté énergétique (environ 2 milliards d'habitants n'ont pas accès à l'électricité). Cette population devrait être la cible prioritaire des énergies renouvelables et des mécanismes financiers doivent être mis en œuvre pour leur en favoriser l'accès. En l'absence de progrès technologiques significatifs, difficiles à prévoir, les énergies renouvelables n'auront, dans les prochaines décennies, qu'une faible contribution au bilan énergétique total. Même si celle-ci est très utile et doit être favorisée chaque fois que c'est possible, les énergies renouvenables ne pourront pas rapidement se substituer à d'autres formes d'énergie. Ce n'est sans doute pas avant la seconde moitié du siècle que les énergies renouvelables vont contribuer efficacement au bilan énergétique mondial. Le secteur énergétique évolue en effet sur de grandes échelles de temps et ce qui se prépare dans les laboratoires aujourd'hui ne sera opérationnel que dans quelques décennies. À ceci se rajoute le temps nécessaire à la pénétration du marché qui demande de gros investissements et du temps.

Chapitre 4

L'énergie nucléaire

La connaissance du noyau est récente. La radioactivité naturelle a été découverte en 1896 par Becquerel. Frédéric et Irène Joliot-Curie ont fabriqué, en 1934, le premier élément radioactif artificiel. La fission a été mise en évidence par Otto Hahn et Fritz Strassmann en 1938. En 1939, Frédéric Joliot, Hans Alban, Lev Kowarski et Francis Perrin ont montré qu'il était possible, à partir de la fission, d'initier une réaction en chaîne pour produire de l'énergie : le principe du réacteur nucléaire était né.

La combustion du pétrole, du charbon ou du gaz est une réaction chimique qui dégage de la chaleur. Elle correspond à une réorganisation du cortège électronique des atomes. L'énergie libérée pour une réaction élémentaire, *i.e.* mettant en œuvre uniquement les atomes nécessaires pour la réaliser, se mesure en électron volt (eV, $1 \text{eV} = 1{,}6 \times 10^{-19}$ J)[1]. Un atome est constitué d'électrons et d'un

1. La combustion d'un atome de carbone ($C + O_2 \longrightarrow CO_2$) libère environ 4 eV.

noyau composé de nucléons. Les réactions nucléaires correspondent à une réorganisation des nucléons dans les noyaux qui interagissent. Certaines d'entre elles dégagent de l'énergie. C'est le cas de la fission de quelques noyaux. L'énergie libérée est, à masse égale, plus d'un million de fois plus grande que celle d'une réaction chimique : elle se chiffre en MeV, *i.e.* en millions d'électrons volts[2]. Cette énorme concentration d'énergie a une conséquence importante : les déchets seront, en volume, plus d'un million de fois plus concentrés que ceux issus d'une réaction chimique. Certains d'entre eux sont dangereux pour l'homme, mais leur faible volume permet d'avoir des solutions pour leur stockage ou entreposage.

L'énergie nucléaire permet de produire des quantités considérables d'énergie à un coût très compétitif par rapport aux autres sources. Tout ce qui touche au nucléaire et à la radioactivité conduit parfois, chez certains de nos concitoyens, à une peur irraisonnée qui trouve sans doute une partie de ses origines dans l'utilisation de l'arme atomique en 1945. Comme la radioactivité est invisible, la méfiance est grande vis-à-vis de phénomènes qui sont néanmoins à l'origine de l'univers et nous permettent, grâce au soleil qui est le siège de réactions nucléaires, d'exister sur la terre.

4.1 ATOMES ET NOYAUX

Tous les objets de la nature, qu'ils soient vivants ou inertes, sont composés d'atomes. L'atome est lui-même composé de trois types de particules : des *protons* et des *neutrons*, qui forment le noyau, et des *électrons*. Les neutrons et les protons appartiennent à une famille de particules que l'on appelle les *nucléons*. Leur masse est un peu plus de 1 800 fois supérieure à celle de l'électron. On caractérise un atome par son nombre de protons Z, que l'on appelle *numéro atomique*, et son *nombre de masse* A qui est le nombre total de nucléons (protons + neutrons) contenus dans le noyau. Le nombre de neutrons est donc égal à $A - Z$. Le neutron est électriquement neutre alors que le proton porte une charge positive élémentaire $+e$. Les protons et les neutrons du noyau sont liés par les *forces nucléaires* qui sont très intenses mais de courte portée. La charge du noyau d'un atome de numéro atomique Z et de nombre de masse A est $+Ze$. Pour compenser cette charge posi-

2. La fission d'un noyau d'uranium libère environ 200 MeV.

tive et obtenir un atome neutre du point de vue électrique, celui-ci possède Z électrons, car cette dernière particule porte une charge élémentaire négative $-e$. Le noyau et les électrons sont liés par la *force électromagnétique,* qui a une intensité plus faible que la force nucléaire (plus de 100 fois moins intense) mais dont la portée est infinie.

La masse d'un atome est concentrée dans le noyau, dont les dimensions sont de quelques fm (10^{-15} m). Celles de l'atome sont de quelques angströms (Å) (1 Å = 10^{-10}m), soit 10^5 fois plus grandes. Un atome est donc essentiellement constitué de vide. En revanche, la densité de matière dans le noyau est énorme : environ 2×10^{17} kg/m^3, soit 200 milliards de kg/cm^3.

Les propriétés chimiques d'un atome sont déterminées par son nombre d'électrons, égal au numéro atomique Z. Les atomes ayant le même nombre de protons mais des nombres de neutrons différents sont appelés des *isotopes* : ils ont les mêmes propriétés chimiques mais des propriétés nucléaires différentes. Il existe ainsi trois isotopes de l'hydrogène :

• l'hydrogène « ordinaire », dont le noyau contient un seul proton, qui constitue 99,9 % de l'hydrogène naturel ;

• le deutérium, dont le noyau est constitué d'un proton et d'un neutron. Il représente 0,015 % de l'hydrogène naturel ;

• le tritium, dont le noyau est composé d'un proton et de deux neutrons. Il n'existe pas à l'état naturel car il est instable.

Il est d'usage de noter un atome particulier X constitué de Z électrons et d'un noyau contenant A nucléons (Z protons et $A - Z$ neutrons), par ${}^{A}_{Z}X$.

4.2 LA RADIOACTIVITÉ

Beaucoup de noyaux naturels ou artificiels sont instables. Ils ont un excédent d'énergie et peuvent évoluer (on dit qu'ils se *désintègrent*) vers la stabilité en passant éventuellement par des états intermédiaires, eux-mêmes instables. Lors de cette évolution, ils donnent naissance à un autre noyau (qui peut être le même mais dans un état d'énergie plus bas) en émettant une particule, un électron, un noyau d'hélium,..., parfois un photon γ, ou en se brisant en deux morceaux comme c'est le cas dans la fission : c'est le phénomène de *radioactivité,* et le noyau est dit *radioactif.* La radioactivité peut être *naturelle* ou *artificielle* selon que l'homme en a été à l'origine ou pas. Plus de 1 500 isotopes artificiels radioactifs ont été créés mais la plus grande partie de la radioactivité présente sur terre est d'origine naturelle.

L'énergie libérée lors d'une décomposition radioactive se partage entre les divers protagonistes que l'on trouve dans la voie finale. Les trois désintégrations principales sont les radioactivités α, β et γ.

Dans la radioactivité α, le noyau initial, de numéro atomique Z et de nombre de masse A (^A_ZX), émet un noyau d'hélium $^4_2$He, composé de deux protons et de deux neutrons :

$$^A_ZX \longrightarrow ^{A-4}_{Z-2}Y + ^4_2\mathrm{He} \qquad (4.1)$$

Elle s'observe surtout chez les noyaux lourds. La majeure partie de l'énergie libérée se retrouve sous forme d'énergie cinétique, c'est-à-dire en mouvement du noyau d'hélium, dénommé aussi particule *alpha* (α), et du noyau fils $^{A-4}_{Z-2}Y$. Comme la particule α est beaucoup plus légère que le noyau, elle emporte la majeure partie de l'énergie cinétique disponible.

Il existe deux types de radioactivité β, la β^- et la β^+. Dans la radioactivité β^-, un électron e^- (appelé aussi rayon β^-) est émis avec un antineutrino $\overline{\nu}$, particule de masse négligeable et sans charge, qui emporte, sous forme cinétique, une partie de l'énergie libérée au cours de la réaction :

$$^A_ZX \longrightarrow ^A_{Z+1}Y + e^- + \overline{\nu} \qquad (4.2)$$

Le noyau final avance d'une case dans la classification périodique par rapport au noyau initial. Dans la radioactivité β^+ c'est un *positon* (antiparticule de l'électron) e^+ et un neutrino[3] qui sont formés au cours de la réaction :

$$^A_ZX \longrightarrow ^A_{Z-1}Y + e^+ + \nu \qquad (4.3)$$

Le noyau final recule d'une case dans la classification périodique par rapport au noyau initial.

3. Les neutrinos et antineutrinos sont des particules élémentaires sans charge et de masse négligeable qui n'interagissent que par l'interaction dite « faible », c'est-à-dire qu'ils sont pratiquement invisibles. Ainsi pour arrêter le flux considérable de neutrinos qui arrive en provenance du soleil ($\simeq 65 \times 10^9$ par cm^2 et par seconde), il faudrait un mur de plomb qui aurait l'épaisseur d'une année lumière (10^{16} m). Postulés en 1930 par Fermi pour expliquer le phénomène de désintégration β, ils n'ont été mis en évidence qu'en 1956.

La radioactivité γ correspond à l'émission d'un rayonnement électromagnétique de très courte longueur d'onde (les photons γ sont des grains de lumière très énergétiques) par un noyau qui est dans un état nucléaire excité. C'est l'analogue, pour un noyau, de l'émission de rayonnement par un atome lorsqu'un électron passe d'un niveau atomique haut à un niveau bas. La masse et le numéro atomique du noyau restent inchangés :

$$^{A}_{Z}X \longrightarrow ^{A}_{Z}X + \gamma \tag{4.4}$$

Pour les énergies des particules α, des électrons (e^-, e^+) et des rayons γ détectés lors des décompositions radioactives, on observe en moyenne que :

- le rayonnement alpha est arrêté par quelques centimètres d'air, une feuille de papier ou la peau ;
- le rayonnement bêta est arrêté par quelques mètres d'air, une feuille d'aluminium ou 1 cm de tissu humain ;
- le rayonnement gamma peut traverser plusieurs centaines de mètres d'air ou plus. Il traverse l'organisme d'un être humain et nécessite une dizaine de cm de plomb pour être arrêté.

Tout noyau radioactif disparaît un jour. C'est un processus aléatoire et chacun des noyaux a une certaine probabilité de se décomposer au cours du temps. Il est d'usage de le caractériser par sa *période* $T_{1/2}$ qui représente le temps que met une source radioactive, constituée de noyaux de cet élément, pour perdre la moitié de son activité. En d'autres termes, si l'on considère un grand nombre, N, de noyaux radioactifs, on dit que le noyau a une période $T_{1/2}$ si, au bout du temps $t = T_{1/2}$, il ne reste plus que la moitié des noyaux radioactifs ($N/2$). Au bout de deux périodes ($t = 2T_{1/2}$) il reste donc $N/4$ noyaux radioactifs. La période, ou demi-vie, est une caractéristique du noyau radioactif. Elle peut être inférieure à la seconde, comme supérieure au milliard d'années.

Un noyau radioactif n'a pas d'âge, il reste toujours jeune. Sa probabilité de disparaître est la même tant qu'il existe. Un phénomène qui ne dépend pas du passé est dit *markovien*. C'est le contraire pour un être humain qui vieillit lorsque le temps passe.

L'unité de mesure de la radioactivité est le *becquerel* (Bq). Elle correspond à une désintégration par seconde. C'est une unité très petite[4].

4. La radioactivité naturelle d'un être humain est de l'ordre de 8 000 Bq.

Elle a remplacé le *curie* qui était au contraire très grande ($3{,}7 \times 10^{10}$Bq, soit 37 milliards de becquerels).

La radioactivité n'a pas été inventée par l'homme. Elle est présente depuis que les noyaux existent, *i.e.* peu de temps après que l'univers ait été créé, il y a 14 milliards d'années. Elle n'a fait que diminuer au cours du temps et devient de plus en plus faible. Sur la terre, elle est moins intense maintenant qu'à sa naissance, il y a 4,5 milliards d'années. La radioactivité moyenne de la croûte terrestre est passée de 5 850 Bq/kg, à cette époque, à 1 330 Bq/kg, maintenant [39]. Celle de l'uranium a été divisée par deux et celle du ^{40}K est passée de 4 230 Bq/kg à 370 Bq/kg. Nous verrons l'impact de la radioactivité sur l'environnement et le vivant dans le chapitre 6.

4.3 MASSE ET ÉNERGIE

Lors de la naissance de l'univers, l'énergie s'est transformée en matière. On sait maintenant que la matière peut aussi se transformer en lumière. C'est ce qui arrive lorsqu'un électron e^- rencontre son antiparticule, le positon e^+. Ils s'annihilent et deux photons γ sont créés. Einstein a montré, en 1905, que l'énergie E d'un corps de masse m au repos était égale à :

$$E = mc^2 \tag{4.5}$$

où c est la vitesse de la lumière ($\simeq 300\,000$ km/s). Une variation d'énergie ΔE peut s'accompagner d'une variation de masse Δm et réciproquement ; aussi dit-on qu'il y a équivalence entre la masse et l'énergie. Celle-ci s'exprime par la relation :

$$\Delta E = \Delta m \cdot c^2 \tag{4.6}$$

Ainsi, la masse d'un atome, constitué d'électrons et d'un noyau, est plus faible que celle du noyau et des électrons pris comme particules libres. La différence représente l'énergie de liaison qui joue le rôle de ciment entre les électrons et le noyau. Celle-ci correspond à une conversion en énergie d'une masse infinitésimale. L'énergie de liaison d'un atome d'hydrogène est de 13,6 eV, soit une variation de masse de $2{,}4 \times 10^{-32}$ g car :

$$1 \text{ kg} = 5{,}609 \times 10^{29} \text{ MeV} = 2{,}5 \times 10^{10} \text{ kWh} = 25 \text{ TWh} \tag{4.7}$$

La fission du noyau d'^{235}U libère environ 200 MeV. Cela correspond à une diminution de masse de $3{,}6 \times 10^{-25}$ g entre l'état initial et l'état final. Cette valeur est faible mais devient pondérable si l'on considère la production énergétique d'un pays. La France a produit 450 TWh d'électricité à partir des centrales nucléaires en 2006 [11]. Cette quantité d'électricité représente la transformation d'une masse de 18 kg en énergie. En fait, la masse transformée est supérieure car les centrales ont un rendement, dû principe de Carnot, de 33 % aussi les 2/3 de l'énergie produite par un réacteur sont perdus en chaleur. Nous transformons donc tous les ans plus d'une cinquantaine de kg de matière en énergie.

L'évolution de l'énergie de liaison par nucléon des noyaux naturels est indiquée de manière schématique dans la figure 1. Les noyaux les plus stables se trouvent au voisinage du fer, dont l'énergie de liaison est voisine de 8,7 MeV/nucléon. La courbe est relativement plate autour du maximum. Le noyau d'hélium est un point singulier des noyaux légers, car il est particulièrement stable (7,1 MeV/nucléon) par rapport aux autres. Cette figure montre que les noyaux lourds sont moins liés que ceux de masse moyenne (7,7 MeV/nucléon pour l'uranium). Par conséquent, si l'on casse un noyau lourd en deux noyaux de masse moyenne, on récupère de l'énergie. C'est ce qui se passe lors de la

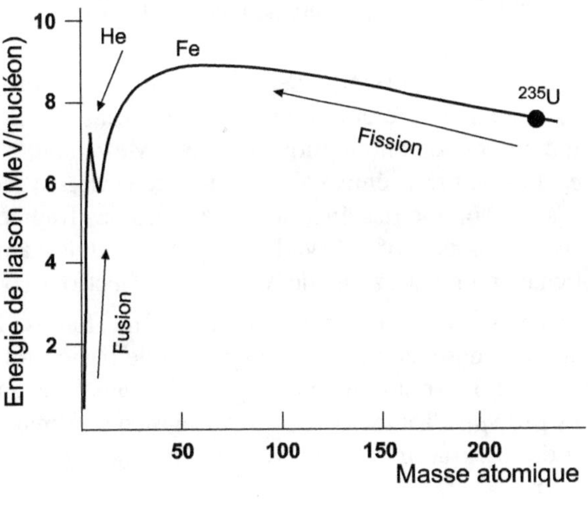

Figure 4.1 Représentation schématique de l'énergie de liaison en MeV/nucléon) des noyaux stables en fonction de la masse.

fission de l'uranium qui libère un peu moins de 1 MeV/nucléon[5]. Nous voyons également que la *fusion* de deux noyaux légers en hélium libère beaucoup d'énergie, généralement plusieurs MeV/nucléon. La fission et la fusion sont donc deux voies pour produire de l'énergie. La fusion en étant encore au stade de la recherche, elle sera traitée dans le chapitre 7.

4.4 LA FISSION

Certains noyaux lourds se brisent spontanément en deux fragments de masse moyenne accompagnés de neutrons, tandis que d'autres le font après avoir absorbé un neutron. C'est le phénomène de *fission*. Ainsi, l'^{235}U, qui est un isotope de l'uranium composé de 92 protons et de 143 neutrons, a une grande probabilité de capturer un neutron dont la vitesse correspond à l'agitation thermique du milieu. Bien que qualifiés de « lents » ou « thermiques », ces neutrons se propagent, à 20 °C, à une vitesse de 2,2 km/s, ce qui correspond à une énergie cinétique moyenne de 1/40 eV. Le noyau d'^{236}U formé est excité (^{236}U*). Il se casse en deux morceaux de masse moyenne (appelés *fragments de fission*) et, selon les cas, deux ou trois neutrons sont émis. L'énergie libérée est d'environ 200 MeV (30 picojoules) :

$$^{235}\mathrm{U} + n \rightarrow {}^{236}\,\mathrm{U}^* \rightarrow 2 \text{ fragments de fissions} + 2 \text{ ou } 3 \text{ neutrons} \quad (4.8)$$

Certaines réactions de fission libèrent 2 neutrons, d'autres 3 et on observe, en moyenne, une émission de 2,5 neutrons. Chaque neutron emporte une énergie cinétique moyenne de 2 MeV (soit 5 MeV pour l'ensemble). Les neutrons émis sont *rapides* : leur vitesse est d'environ 20 000 km/s. La somme des énergies cinétiques des fragments de fission est de l'ordre de 165 MeV. Les rayons γ et les antineutrinos emportent chacun une douzaine de MeV, et les électrons (β) 8 MeV.

Tous les neutrons ne sont pas émis en même temps. La plupart proviennent de la désexcitation des fragments de fission formés (fragments primaires). Ils sont émis très rapidement, aussi les qualifie-t-on de *neutrons prompts*. Toutefois, certains fragments primaires peuvent évoluer par désintégration radioactive vers d'autres isotopes excités qui

5. L'énergie libérée est d'environ 200 MeV pour 236 nucléons.

peuvent à leur tour se désexciter par émission de neutrons. Cette émission peut alors avoir lieu notablement plus tard que celle des neutrons prompts (elle est liée à la période de décroissance radioactive du noyau qui a conduit à ces fragments secondaires), d'où le nom de *neutrons retardés*. Leur proportion est faible, 0,65 pour mille pour l'^{235}U, 0,21 pour mille pour le ^{239}Pu. Néanmoins, ils jouent un rôle clef pour le contrôle des réacteurs nucléaires : s'ils n'existaient pas, on ne pourrait pas piloter ces derniers.

4.5 LES RÉACTIONS EN CHAÎNE

Dans un milieu contenant des noyaux fissiles dans lequel on a initié une fission, certains des neutrons libérés peuvent à leur tour induire une fission. Les autres peuvent s'échapper du milieu, être capturés par les noyaux fissiles sans conduire à une fission, ou par d'autres noyaux présents dans le milieu. Ceci amène à définir le facteur de multiplication neutronique k comme le rapport du nombre de fissions des générations $n + 1$ et n.

• Si $k > 1$, le nombre de neutrons croît exponentiellement et le milieu est dit *sur-critique*. Comme le temps séparant deux générations de neutrons est très court, on a vite une évolution divergente. Le système se comporte comme un amplificateur : une faible quantité d'énergie initiale génère beaucoup d'énergie. C'est ce qui se passe dans une bombe atomique de type *A*, où l'on confine au maximum le milieu pour générer l'énergie la plus grande possible avant de la libérer.

• Si $k < 1$, le milieu est dit *sous-critique* et les réactions de fission s'arrêtent spontanément.

Dans un réacteur nucléaire, on pilote la population de neutrons pour extraire l'énergie de façon continue et k n'est que très faiblement supérieur à 1 au démarrage. Une fois la puissance nominale atteinte, on pilote de réacteur en restant au voisinage de $k = 1$.

La valeur de k dépend de la géométrie du milieu (s'il est de faibles dimensions, beaucoup de neutrons pourront s'échapper vers l'extérieur), de sa composition (des noyaux peuvent fortement absorber les neutrons et se comporter comme des poisons vis-à-vis de ceux-ci) et de la nature de son hétérogénéité (la disposition de différents matériaux dans le système influe directement sur les propriétés du gaz de neutrons), etc.

Les neutrons capturés par un noyau peuvent conduire à un isotope radioactif ou, dans certains cas, à un isotope fissile. C'est le cas par exemple des noyaux d'^{238}U et de ^{232}Th (thorium) qui conduisent, par capture d'un neutron suivie d'une double désintégration β, respectivement au ^{239}Pu (plutonium) et à l'^{233}U, tous les deux fissiles. Les noyaux qui permettent, par capture d'un neutron, d'aboutir à un noyau fissile, sont qualifiés de *fertiles*. L'^{238}U et l'^{232}Th sont des noyaux fertiles à partir desquels on peut fabriquer des noyaux fissiles, donc du combustible. C'est le principe de la *surgénération,* où l'on peut, à partir d'une mélange fissile-fertile, utiliser la partie fissile pour produire de l'énergie et transformer une partie des noyaux fertiles en noyaux fissiles grâce au flux de neutrons existant dans le réacteur. À la fin de l'opération, on a plus de noyaux fissiles qu'au départ. Au niveau du bilan, les éléments consommés sont des noyaux fertiles.

4.6 LES RÉACTEURS NUCLÉAIRES

Un réacteur nucléaire est un système dans lequel on entretient une réaction en chaîne de fission par des neutrons. Son architecture, selon le but choisi, sera différente[6]. Nous allons considérer ici les *réacteurs électrogènes*, qui permettent de produire de l'électricité. Leur intérêt est de pouvoir fournir de grosses quantités de chaleur à faible coût. Cette chaleur est utilisée pour produire de la vapeur qui actionne un groupe turboalternateur analogue à celui qui fonctionne dans les centrales classiques brûlant des combustibles fossiles.

Un réacteur nucléaire fonctionne sur des principes simples où la sûreté de l'installation est une préoccupation essentielle des constructeurs et des utilisateurs. Le but est d'utiliser la fission induite par neutrons d'un noyau fissile. Comme on l'a vu plus haut, une réaction en chaîne peut s'établir et on peut récupérer de l'énergie. Pour cela, il ne faut pas perdre trop de neutrons entre deux générations. En effet, ceux-ci peuvent s'échapper du milieu ou être capturés sans conduire à une fission.

---

6. Un réacteur nucléaire peut être dédié pour produire :

• des faisceaux de neutrons pour des applications scientifiques, technologiques ou médicales,

• de la chaleur pour le chauffage urbain ou industriel,

• de l'énergie mécanique pour la propulsion navale,

• de l'électricité.

L'^{235}U fissionne avec des neutrons de toute énergie mais, avec des neutrons lents d'énergie inférieure à 2 eV, la probabilité de fission est très grande. L'^{238}U ne fissionne qu'avec des neutrons rapides dont l'énergie est supérieure à 1 MeV et il absorbe de façon importante les neutrons d'énergie intermédiaire.

On a deux grandes familles de réacteurs : les réacteurs à neutrons lents et ceux à neutrons rapides.

Les *réacteurs à neutrons lents,* ou *réacteurs thermiques,* utilisent la grande probabilité de capture des neutrons thermiques par l'^{235}U. Comme les neutrons émis par la fission sont pour leur majeure partie rapides, il faut les ralentir. Pour cela, on utilise un matériau *modérateur.* Le ralentissement se fait lors des collisions élastiques des neutrons avec les noyaux du modérateur. Un bon modérateur ne doit absorber que faiblement les neutrons (transparence) et être constitué de noyaux légers pour que le ralentissement soit le plus efficace possible. L'eau lourde offre un bon compromis entre ralentissement et transparence (35 chocs en moyenne pour thermaliser) ce qui permet d'utiliser de l'uranium naturel comme combustible. L'eau légère est plus efficace en terme de ralentissement (19 chocs en moyenne) mais absorbe d'avantage les neutrons, ce qui nécessite d'utiliser un combustible contenant de l'uranium légèrement enrichi. Le graphite peut également être choisi. Il ralentit moins efficacement les neutrons mais les absorbe faiblement. Il faut en moyenne 115 chocs pour thermaliser les neutrons.

Si l'on utilise de l'uranium naturel ou faiblement enrichi, le réacteur a une structure hétérogène dans laquelle modérateur et combustible sont bien séparés pour minimiser les captures de neutrons par l'^{238}U. Si l'on dispose d'un combustible enrichi en ^{235}U, on peut avoir une structure plus homogène, où le modérateur est plus proche du combustible.

Les *réacteurs à neutrons rapides* n'ont pas de modérateur. Ils utilisent une forte proportion de noyaux fissiles car la probabilité de fission est beaucoup plus faible.

Une fois atteinte sa puissance nominale, un réacteur nucléaire doit travailler dans un régime où le nombre de neutrons induisant les fissions de la génération $n + 1$ est égal à ceux de la génération n. C'est le régime critique et le facteur de multiplication $k \simeq 1$. S'il n'y avait que des neutrons prompts, *i.e.* émis dans des temps très courts, le système divergerait très vite. Pour les réacteurs français, ce temps est de $2{,}5 \times 10^{-5}$ s, soit 40 000 générations de neutrons par seconde [40].

Avec $k = 1{,}000\,5$, la puissance serait multipliée par près de 483 millions en une seconde ! On n'aurait matériellement pas le temps de contrôler la réactivité du réacteur. Heureusement, l'existence de neutrons retardés, dont certains sont émis plusieurs dizaines de secondes après (11 s en moyenne) permet de contrôler la réaction en chaîne. Ceci conduit à une période apparente plus grande et à une période de divergence de l'ordre de 85 s [41]. Ainsi, un réacteur doit toujours être sous-critique en neutrons prompts mais peut être légèrement surcritique en neutrons retardés.

La réactivité d'un milieu est définie par

$$\rho = \frac{k-1}{k}$$

Le système est stable si $k = 1$. L'écart par rapport à la stabilité se mesure en unités de 10^{-5} appelée pcm (pcm = pour cent mille). Ainsi $k = 1{,}001$ correspond à une réactivité de 100 pcm. Pour un réacteur thermique à uranium, il faut impérativement que $\rho < 650$ pcm, afin de disposer des neutrons retardés pour piloter le réacteur et rester sous-critique en neutrons prompts. Pour un réacteur fonctionnant au plutonium, il faut que $\rho < 360$ pcm ce qui est plus contraignant.

Le pilotage de la réactivité du réacteur ([42]) se fait avec des barres de contrôle qui contiennent des éléments qui absorbent beaucoup les neutrons (cadmium, bore...) ainsi qu'à l'aide de divers dispositifs comme, pour les réacteurs à eau sous pression, de l'eau contenant de l'acide borique.

De nombreux mécanismes permettent de ramener naturellement l'état du réacteur nucléaire vers sa position de fonctionnement stable [42] lorsque celui-ci s'en éloigne un peu.

4.7 LES RÉACTEURS NATURELS

Les premiers réacteurs nucléaires n'ont pas été créés par l'homme mais par la nature. Cette conclusion a été établie en 1972 après qu'un laboratoire du CEA eut trouvé des échantillons d'uranium naturel, en provenance du gisement d'uranium d'Oklo au Gabon, dont la teneur en ^{235}U était inférieure aux 0,7 % habituellement observés (descendant jusqu'à 0,4 %).

La modification de la composition isotopique a pour origine l'existence de réacteurs naturels qui ont démarré spontanément il y a environ 2 milliards d'années, car des conditions particulières furent réunies. En effet, la période radioactive de l'^{238}U est de 4,5 milliards d'années et celle de l'^{235}U de 700 millions d'années. L'^{235}U disparaît donc plus vite que l'^{238}U. Il y a 2 milliards d'années, la concentration isotopique de l'^{235}U était plus élevée, de l'ordre de 3,6 %, c'est-à-dire analogue à celle utilisée pour le combustible des REP (réacteurs à eau sous pression) [41]. Dans cette région du monde, la concentration en minerai d'uranium était également élevée (plus de 10 %), le terrain très poreux et l'eau abondante. En profondeur, la pression et la température étaient grandes et l'on avait des conditions de fonctionnement analogues à celles des REP actuels.

Plusieurs réacteurs naturels ont démarré spontanément. Ils ont fonctionné très longtemps (sans doute entre 10 000 et 80 000 ans) jusqu'à épuisement du combustible, laissant dans le sol les déchets sans aucune protection. Certains ont migrés, d'autres ont été retenus, comme le plutonium qui a maintenant disparu car sa période n'est que de 24 000 ans. Le site d'Oklo est donc riche d'enseignements puisqu'il s'agit d'un stockage de déchets nucléaires sans confinement, situation inadmissible aujourd'hui.

4.8 LES RÉACTEURS ÉLECTROGÈNES

Le premier réacteur nucléaire a été réalisé par E. Fermi et son équipe en 1942 sous les tribunes d'un stade de Chicago. Sa puissance était très faible : 0,5 Watt. De l'électricité a été produite pour la première fois en 1951 sur le site d'Idaho Falls, aux États-Unis, mais ce n'est qu'en 1954 que le premier réacteur nucléaire a été raccordé au réseau électrique, à Obninsk, près de Moscou. En France, le premier réacteur, appartenant à la filière UNGG (uranium naturel, graphite, gaz) d'une puissance de 40 MW a été mis en service à Marcoule en 1956. En 2006, 441 réacteurs nucléaires totalisant une puissance électrique d'environ 380 TW_e ont produit plus de 2 600 TWh d'électricité ce qui représente, en équivalent pétrole, presque 0,7 Gtep, soit un peu plus de 16 % de la production électrique totale et presque l'équivalent de celle issue de l'hydraulique.

De nombreuses combinaisons de combustibles, de modérateurs, de fluides caloporteurs et d'architectures peuvent être utilisées pour concevoir un réacteur nucléaire. Plus de cent mille combinaisons sont possibles en théorie. Un millier ont fait l'objet d'études, dont une centaine assez poussées [43]. Plusieurs dizaines d'entre elles ont été réalisées entre 1950 et 1965. Petit à petit, une sélection s'est faite et certaines filières se sont imposées par rapport à d'autres pour des raisons technologiques, économiques ou politiques.

Les réacteurs à eau ordinaire (dite « légère » par opposition à l'eau lourde) dominent le marché (figure 4.2). Ils représentent plus de 90 % du parc. Ceux qui sont exploités en France sont des réacteurs à eau sous pression (REP). L'eau est d'une part un très bon modérateur, car l'hydrogène est le noyau le plus efficace pour ralentir des neutrons, et, d'autre part, il joue le rôle de caloporteur pour évacuer la chaleur produite par la fission. Ces propriétés permettent de réaliser des réacteurs très compacts. Comme l'hydrogène capture aussi les neutrons (650 000 fois plus facilement que le deutérium), il est nécessaire d'utiliser de l'uranium enrichi au moins à 3 % en ^{235}U, ou du plutonium. Cette technologie nécessite de maîtriser, ou de pouvoir acheter, de l'uranium enrichi. Il existe deux variantes des réacteurs à eau [40] :

• les réacteurs à eau sous pression (REP), où l'eau d'un circuit primaire, en contact avec les gaines du combustible, est maintenue sous forte pression (155 bars) pour éviter l'ébullition. La chaleur récupérée est transférée à un circuit d'eau secondaire qui produit de la vapeur. Celle-ci fait tourner une turbine qui entraîne l'alternateur produisant l'électricité. L'eau du circuit secondaire est refroidie, condensée et recyclée. La source froide peut être l'eau d'une rivière, de la mer ou une tour de réfrigération. La technologie REP développée en Union soviétique se dénomme VVER. Fin 2005 il y avait, au niveau mondial, 241 GW_e de REP installés (267 réacteurs) dont 36 GW_e de VVER (53 réacteurs).

• les réacteurs à eau bouillante (REB) où l'eau, portée à ébullition, attaque directement les turbines. L'architecture est plus simple que les

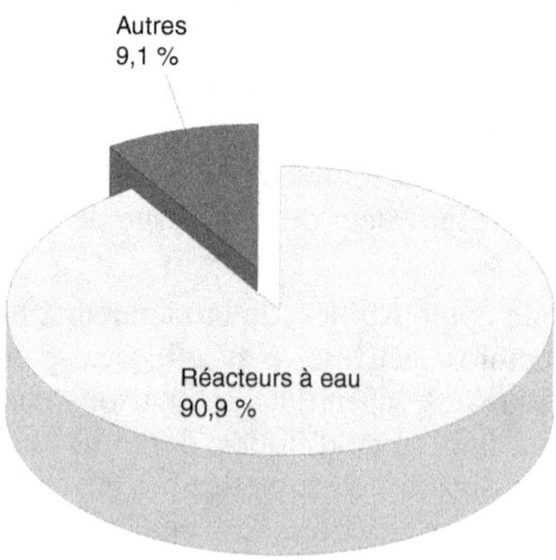

Figure 4.2 Les réacteurs à eau (REP, REB, VVER) dominent le marché. Source ELECNUC, CEA, 2006.

REP puisqu'il n'y a qu'un circuit. Toutefois, pour une puissance donnée, le volume du cœur est plus important puisque l'eau n'est pas sous pression. Leur puissance volumique est de 50 W/cm^3 alors qu'elle est de 100 W/cm^3 pour un REP [45]. Il y avait 78 GW$_e$ de REB installés (89 réacteurs) fin 2006 [44].

Les réacteurs à eau lourde sont une spécialité canadienne. Cette filière, dénommée CANDU (CANada-Deutérium-Uranium), utilise l'eau lourde comme modérateur et caloporteur. Comme le deutérium absorbe très peu les neutrons, on peut utiliser un combustible en oxyde d'uranium naturel, ce qui évite une dépendance vis-à-vis de l'industrie d'enrichissement de l'uranium.

La filière graphite-gaz utilise du graphite comme modérateur et du CO_2 comprimé à une quarantaine de bars comme caloporteur. Ces réacteurs sont de grande taille, car il faut beaucoup de graphite pour ralentir les neutrons. Les premiers réacteurs électrogènes français étaient de ce type mais cette filière a été abandonnée au profit des REP, plus compétitifs économiquement[7]. La puissance installée au niveau mondial est de près de 11 GW$_e$ avec 22 réacteurs [44].

La filière RMBK mérite une attention particulière puisque le réacteur de Tchernobyl sur lequel il y a eu un accident grave en 1986 appartient à cette catégorie. Il s'agit de réacteurs fonctionnant avec de l'oxyde d'uranium légèrement enrichi, refroidis à l'eau bouillante et modérés par du graphite. Contrairement à tous les autres réacteurs que l'on trouve dans le monde, ils ont l'inconvénient d'être instables dans certaines conditions[8]. Ce type de réacteur n'a pas d'enceinte de confinement comme celle qui existe pour les réacteurs occidentaux actuels. En 2005, il restait encore une douzaine de réacteurs de ce type dans le monde.

La bonne disponibilité d'une installation nucléaire est une source importante d'économie. Il y avait, par exemple, un parc de 103 réacteurs en service aux États-Unis qui ont produit, en 2000, 754 TWh. Bien qu'il y ait une petite dizaine de réacteurs en moins que dans les années 1990, le passage d'une disponibilité moyenne de 70 % dans les années 1990 à 89 % en 2000 a permis une augmentation de la produc-

7. Il existe une version moderne à haute température des réacteurs à gaz utilisant de l'hélium comme caloporteur.

8. Cette instabilité, associée au court-cicuit volontaire de certaines sécurités lors d'une expérience, ont conduit à l'accident de Tchernobyl sur lequel nous reviendrons dans le chapitre 6.

tion électrique équivalente à la mise en service de 23 nouveaux réacteurs de 1 000 MW_e[9].

En France, l'augmentation de la durée d'usage des réacteurs nucléaires, celle-ci passant des 30 ans prévus à 40 ans, est un objectif qui permettra de diminuer le coût du kWh produit, puisque l'amortissement de l'investissement avait été calculé sur 30 ans. Il ne restera donc que les coûts de fonctionnement pour les 10 années supplémentaires.

4.9 LE COMBUSTIBLE

Le seul noyau fissile existant dans la nature est l'^{235}U, qui représente 0,7 % de l'uranium naturel. L'^{238}U, présent à 99,3 %, est fertile, *i.e.* qu'il peut être transformé en noyau fissile, le ^{239}Pu, après capture d'un neutron et double désintégration β. Le couple U/Pu forme ce que l'on appelle le cycle uranium-plutonium qui est industriellement exploité. Le thorium pourrait l'être et ses réserves sont environ quatre fois plus importantes que celles de l'uranium. Toutefois, le ^{232}Th présent dans de nature n'est pas fissile mais fertile. Après capture d'un neutron, il conduit à l'^{233}U fissile. Le cycle thorium-uranium pourra être utilisé lorsqu'il n'y aura plus d'uranium économiquement exploitable.

Il y a, dans l'écorce terrestre, en moyenne 3 grammes d'uranium par tonne[10]. L'exploitation se fait dans les régions où la concentration est beaucoup plus importante que la moyenne. Il existe des mines en France mais soit elles sont pratiquement épuisées, soit leur exploitation n'est plus rentable. Les plus gros gisements mondiaux connus se trouvent au Canada, en Australie et au Kazakhstan.

À partir du minerai, concentré, concassé et finement broyé, on extrait chimiquement l'uranium pour fabriquer une pâte jaune appelée « *yellow cake* » contenant environ 75 % d'uranium. Celle-ci est ensuite transformée en hexafluorure d'uranium UF_6 qui sera utilisé pour l'enrichissement isotopique.

9. 1 MW_e est 1 MW d'électricité. Pour le fabriquer, il faut en général disposer d'une puissance plus grande car il y a des pertes (1 REP de 3 GW a une puissance de 1 GW_e).

10. C'est environ 1 000 fois plus que la teneur moyenne en or.

Le combustible peut être utilisé sous diverses formes chimiques : métal, alliage, oxyde, oxyde mixte, carbure. Les REP utilisent l'oxyde d'uranium UO_2. La fabrication du combustible demande une technologie complexe et des contrôles-qualité très stricts. Dans les réacteurs à eau sous pression, il est à l'intérieur d'une gaine qui l'isole du circuit primaire et confine les déchets produits.

Les REP ont besoin, pour fonctionner, d'uranium enrichi en ^{235}U à une teneur de l'ordre de 3,5 %. Pour l'enrichir, plusieurs méthodes sont possibles [47] :

• la diffusion gazeuse d'UF_6. L'usine George Besse, située à Pierrelatte en France, mise en service partiel en 1978 puis complet en 1982, réalise plus du quart de l'enrichissement en uranium mondial. Cette méthode est coûteuse en investissements et en fonctionnement. Elle consomme aussi beaucoup d'énergie.

• l'ultracentrifugation a tendance à s'imposer aujourd'hui grâce à des coûts plus bas : elle est coûteuse en investissements mais ses coûts de fonctionnement sont faibles.

• d'autres méthodes plus innovantes sont possibles et seront peut-être utilisées dans quelques décennies. Il s'agit, par exemple, de la séparation par laser d'une vapeur atomique qui utilise le fait que le potentiel d'ionisation de l'^{235}U est différent de celui de l'^{238}U. On peut ainsi, par ionisation sélective, ioniser un des isotopes et pas l'autre. Ce type de procédé n'est pas encore économiquement rentable dans le contexte actuel et les recherches sur le sujet ont été provisoirement abandonnées, mais pourrait le devenir un jour grâce aux progrès de la technologie.

Le combustible utilisé dans les REP est de l'oxyde d'uranium enrichi, conditionné sous forme de pastilles d'UO_2 qui sont des cylindres de l'ordre de 1 cm de diamètre et de 1 cm d'épaisseur. Chaque pastille pèse environ 7 g et libère, dans un REP, autant d'énergie qu'une demi-tonne de charbon. Les pastilles sont empilées dans des tubes d'environ 4 m de hauteur que l'on appelle *crayons*. Ceux-ci sont assemblés en *faisceaux* placés au cœur du réacteur. Les assemblages restent 3 à 4 ans dans le réacteur et sont en partie renouvelés chaque année.

L'énergie produite dans un REP provient de la fission des noyaux d'^{235}U mais aussi du ^{239}Pu formé à partir de l'^{238}U du combustible. Schématiquement [46], lorsque 100 noyaux d'^{235}U fissionnent, 55 noyaux d'^{238}U se transforment en ^{239}Pu. Certains d'entre eux vont à leur tour fissionner et produire de l'énergie. Environ le tiers de l'énergie produite dans un réacteur provient du plutonium formé.

Un REP de 900 MW_e consomme, par an, 27,2 tonnes d'uranium enrichi à 3,2 % issues de 150 tonnes d'uranium naturel [47]. L'enrichissement représente 31 % du coût du combustible et 7 % du coût global du kWh.

On ne brûle pas tout le combustible fissile. L'énergie que l'on peut tirer de celui-ci s'appelle le *taux de combustion.* On essaie d'augmenter ce taux car avec la même quantité de combustible on produit plus d'énergie. Le taux de combustion actuel varie de 33 000 à 42 000 MWj/tonne, mais on vise autour de 60 000 MWj/t.

4.10 PRODUCTION D'ÉLECTRICITÉ

Pour des raisons d'indépendance énergétique, économiques et de sécurité d'approvisionnement, la France s'est lancée, après le premier choc pétrolier, dans un vaste programme de construction de centrales nucléaires, afin de répondre à la demande croissante d'électricité. La figure 4.3 montre l'évolution de la puissance installée en France depuis 1960. Un mouvement parallèle, mais débutant plus tôt (figure 4.4) s'est produit au niveau mondial puisque la puissance installée est passée de 21,3 GW_e en 1970 à 357 GW_e en 2000 et à 381 GW_e en 2006. En France, 76,4 % de l'électricité produite était d'origine nucléaire (395 TWh sur 517 TWh [5]).

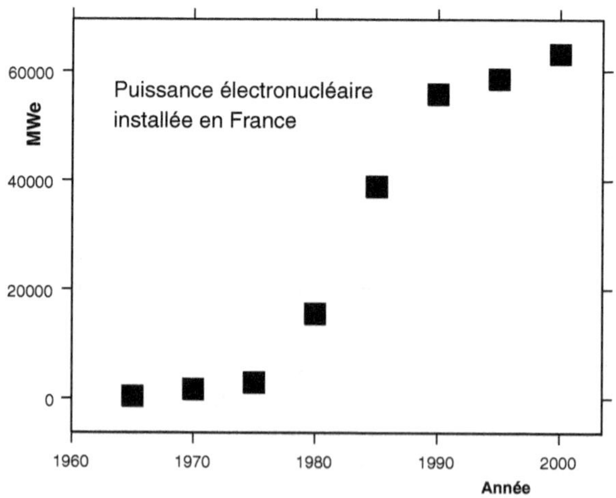

Figure 4.3 Puissance électronucléaire installée en France. Source ELECNUC, CEA, édition 2001.

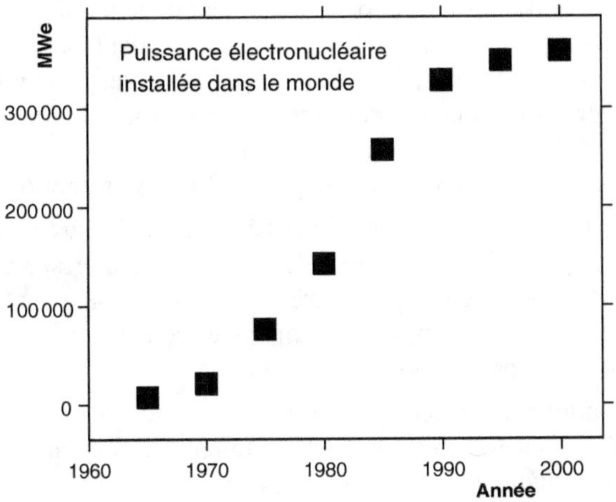

Figure 4.4 Puissance électronucléaire installée dans le monde. Source ELECNUC, CEA, édition 2001.

Lors du premier choc pétrolier, en 1973, la dépendance énergétique de la France était de 77,5 %, donc 70 % vis-à-vis du pétrole. Elle n'était plus que de 49,8 % en 2000 [11] mais elle est descendue à 43 % en 2006.

Il existe actuellement en France 58 centrales nucléaires de type REP : 34 de 900 MW_e, 20 de 1300 MW_e et 4 de 1450 MW_e. Au début de 1999 [1], la puissance installée était de 63 GW. Ceci est à comparer aux 25,2 GW hydrauliques et aux 26,1 GW thermiques installés.

Le coût d'investissements d'une centrale nucléaire est de l'ordre de 1 700 euros/kW_e pour les centrales en construction. La disponibilité se situe entre 80 et 90 % et la durée de vie devrait atteindre 40 ans, voire 60 ans. Comme la puissance installée est considérable, cela constitue un investissement conséquent (1,7 milliard d'euros pour 1000 MW_e). C'est un obstacle dans une économie complètement libéralisée qui favorise plutôt des investissements à retour rapide.

Par contre, dans un État qui a le souci de préserver le bien-être économique de ses habitants et de favoriser son industrie, l'énergie nucléaire est un bon choix car le prix du kWh électrique produit est peu cher et reste à peu près constant durant toute la durée d'exploitation du réacteur qui atteint maintenant 40 à 60 ans. Cette constance au cours du temps vient de ce que le prix du combustible n'est qu'une faible part du prix du kWh final alors qu'il intervient pour environ 70 % dans le cas du gaz.

Le coût du kWh produit dépend fortement de la manière dont le parc nucléaire d'un pays est géré [48]. La France, en standardisant le sien, est particulièrement compétitive dans ce domaine, et l'on produit un kWh à un prix inférieur à 3 centimes d'euros. En Allemagne, il est de 62 % à 71 % plus cher selon le taux d'actualisation utilisé (5 % ou 10 %). Aux États-Unis, il est en moyenne 30 % plus cher qu'en France.

L'autre intérêt de la production d'électricité à partir de l'énergie nucléaire est la stabilité du prix du kWh électrique sur une longue période[11]. Comme l'énergie est très concentrée, on peut stocker du combustible pour de nombreuses années et cela évite les fluctuations de prix que l'on observe pour le pétrole.

Pour le nucléaire, le coût du minerai d'uranium n'est pas, comme pour les énergies fossiles, le coût dominant. Une grande part de la valeur ajoutée peut se faire dans le pays qui l'exploite.

Ainsi, si l'on multiplie par dix le prix de l'uranium naturel, le prix du kWh électrique produit augmente de moins de 40 %. Le même exercice fait avec le gaz conduit à une augmentation de 600 % (7 fois plus).

Le prix du gaz suit celui du pétrole et l'on a toutes les raisons de croire qu'il augmentera dans le futur puisque l'on devrait atteindre le maximum de production du gaz bon marché d'ici une vingtaine d'années.

Le prix du kWh électrique produit par les réacteurs nucléaires français était de 2,9 centimes d'euro (c€) en 1995. Sur cette somme le combustible représentait 0,5 c€, le retraitement et le stockage 0,41 c€, les provisions pour le démantèlement 0,15 c€, l'exploitation 0,91 c€, les charges financière 0,76 c€ et les charges centrales 0,15 c€ [49]. Le prix du kWh est aujourd'hui d'environ 3 c€. Comme la consommation électrique française est de l'ordre de 450 TWh/an, 0,1 c€ de variation sur le prix du kWh correspond à une somme totale de 450 M€.

4.11 LES RÉACTEURS À NEUTRONS RAPIDES

Les réacteurs à neutrons rapides (RNR) joueront vraisemblablement un rôle important dans l'avenir. Ils sont dans le principe plus simples car il n'y a pas besoin de ralentir les neutrons. Comme la probabilité de fission de l'^{235}U et du ^{239}Pu induite par des neutrons rapides est plus

11. Il peut même avoir tendance à baisser. Ainsi, aux États-Unis, le prix du kWh de 95 centrales a baissé de 24 % entre 1993 et 1998 [49].

faible qu'avec des neutrons thermiques[12], il faut utiliser un combustible riche en matière fissile, ^{235}U ou ^{239}Pu (plus de 15 %). Le flux de neutrons est aussi d'un ordre de grandeur supérieur à celui existant dans un réacteur thermique[13]. Le caloporteur doit être le plus transparent possible aux neutrons, ce qui en limite le choix. On peut utiliser du sodium, du mercure, du plomb, etc.

Près d'une quinzaine de réacteurs rapides d'une puissance allant de 12 MW_e à 1 240 MW_e ont été construits, ainsi que de nombreux prototypes de plus faible puissance. Le premier réacteur nucléaire qui a fourni de l'électricité en 1951 était à neutrons rapides.

Dans les années 1970, les économistes prévoyaient une forte croissance de la demande d'électricité en France à l'horizon 2000. Pour répondre à celle-ci, il fallait non seulement construire des réacteurs à neutrons lents mais également, peu de temps après, des réacteurs à neutrons rapides. La France a choisi une filière dans laquelle le sodium est le caloporteur, un choix qui était le meilleur compromis à l'époque. Cette démarche conduisit à la construction de Superphénix, un prototype industriel pouvant également fournir de l'électricité. Il fut arrêté en 1997 pour des raisons politiques qui illustrent bien que les décisions prises dans le domaine de l'énergie ne sont pas toujours rationnelles. En effet, en termes économiques et scientifiques, il aurait bien mieux valu le faire fonctionner encore une dizaine d'années, ce qui aurait permis de mener des recherches sur la transmutation des déchets et de produire de l'électricité[14]. Au total, la solution de l'arrêt immédiat qui a été choisie coûte incomparablement plus cher qu'un arrêt programmé dix ans plus tard (le démantèlement en l'état coûte presque aussi cher que la construction et l'installation).

Un réacteur à neutrons rapides peut, en plusieurs étapes, extraire toute l'énergie contenue dans l'uranium alors qu'un réacteur à neutrons lents n'en extrait que 0,5 % à 1 %. Pour une puissance de 1 000 MW_e par an, il se contente d'environ 1 tonne d'uranium naturel alors qu'il en faut de l'ordre de 200 pour un REP. Il a l'avantage de pouvoir brûler une grande variété de noyaux fissiles. On peut faire fonctionner un RNR selon trois modes qui fournissent de l'énergie :

12. Plus de 300 fois plus petite pour l'uranium et plus de 400 fois pour le plutonium.

13. $3{,}5 \times 10^{15}$ n/cm²/s dans un RNR type superphénix contre $2{,}5 \times 10^{14}$ n/cm²/s dans un REP.

14. Les cœurs installés auraient permis de produire une quantité d'électricité égale à ce que consomme la ville de Lyon pendant 15 ans.

- le mode *surgénérateur*, dans lequel le réacteur produit plus de plutonium qu'il n'en consomme,
- dans un mode où il produit autant de plutonium qu'il en consomme,
- enfin le mode *incinérateur* où le réacteur consomme plus de plutonium qu'il n'en produit. On peut aussi s'en servir pour transmuter et détruire d'autres déchets radioactifs à vie longue.

Nous sommes actuellement dans des temps d'abondance énergétique et les réacteurs à neutrons lents suffisent à répondre à la demande. Néanmoins, dans une optique de développement durable, il faudra, à long terme, utiliser des réacteurs à neutrons rapides. Nous verrons, dans le chapitre 7, quels pourraient être ces réacteurs rapides du futur. Néanmoins, ils ne seront économiquement intéressants qu'à l'horizon 2050.

4.12 LES DÉCHETS

Toute activité industrielle génère des déchets et le nucléaire n'échappe pas à cette règle. On produit, en France, environ 1 kg de déchets radioactif par habitant et par an. Sur ce kilogramme, 990 g atteindront le niveau de la radioactivité naturelle dans moins de 300 ans mais 10 grammes garderont une radiotoxicité élevée pendant très longtemps. C'est de ces derniers dont il faut particulièrement se préoccuper. À titre de comparaison, il y a 2 500 kg de déchets industriels par habitant et par an dont 100 kg de déchets toxiques.

Un *déchet radioactif* est toute matière dont on ne prévoit pas d'utilisation ultérieure et dont le niveau de radioactivité ne permet pas un rejet direct dans l'environnement. Les déchets radioactifs les plus actifs viennent en grande partie des combustibles usés des réacteurs nucléaires. Pour la gestion de ces derniers, il existe deux philosophies.

• La première consiste à considérer l'ensemble du combustible usé comme un déchet. C'est ce que l'on appelle une gestion en *cycle ouvert*. C'est la voie suivie jusqu'à présent par les États-Unis dans le but de réduire les risques de prolifération.

• La seconde consiste à séparer ce qui est valorisable (plutonium, uranium) de ce qui ne l'est pas. L'objectif est de recycler les matières valorisables. On dit que l'on travaille en *cycle fermé*. C'est la voie suivie par la France.

Dans tous les domaines, on essaye de trier et de séparer les déchets pour en extraire ce qui est valorisable de ce qui ne l'est pas. On obtient les déchets ultimes dont on minimise le volume. L'industrie nucléaire française a adopté cette philosophie, et le *retraitement* du combustible usé pour en extraire les déchets ultimes est fondamental pour atteindre ce but. Lors du retraitement, on sépare, par voie chimique, l'uranium, le plutonium, les produits de fission et les actinides mineurs. Ces opérations sont faites, en France, dans l'usine Cogema de La Hague. Le léger surcoût qui en résulte, comme dans tous les domaines où l'on souhaite s'occuper des déchets, est en grande partie compensé par le fait que le volume de déchets ultimes est bien inférieur à celui de l'ensemble du combustible. Le coût du stockage sera ainsi diminué. Il existe aussi des usines de retraitement à Sellafield, au Royaume-Uni, à Rokashomura, au Japon, et en Russie.

La figure 4.5 montre la quantité des principaux éléments contenus dans une tonne de combustible usé de REP de 1 300 MW_e après 3 ans de refroidissement [5]. L'uranium représente 95 % du combustible, le plutonium 1 %, les fragments de fission 3,6 % et les actinides mineurs (neptunium, américium, curium) 0,09 %. Dans un cycle ouvert, cela représente près d'une tonne de déchets ; dans un cycle fermé seulement 36,5 kg.

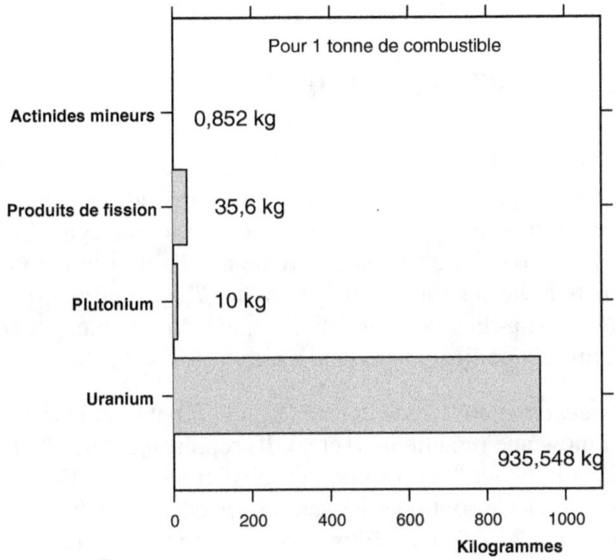

Figure 4.5 Principaux éléments contenus dans une tonne de combustible usé de REP 1300 après 3 ans de refroidissement. Source CEA, 2006 [5].

La stratégie de cycle fermé suppose que l'on utilise l'uranium de retraitement et le plutonium. Avec un parc de réacteurs à neutrons rapides, ce sont des matières immédiatement valorisables. En l'absence d'un tel parc, le problème est plus complexe. En effet, le plutonium se dégrade à cause du ^{241}Pu qui se transforme, par radioactivité β d'une période de 15 ans, en ^{241}Am indésirable dans les réacteurs. L'utilisation du plutonium stocké trop longtemps demande donc de séparer cet américium. On utilise actuellement une partie du plutonium produit dans du combustible MOX (*mixed oxydes*) qui est un mélange d'oxydes d'uranium et de plutonium. Le tiers des REP français peut utiliser ce combustible et certains le font. Le MOX est toutefois gardé en l'état après utilisation. Des études sont en cours sur de nouvelles architectures pour le combustible MOX ainsi que sur des combustibles permettant de recycler plusieurs fois, après retraitements successifs, les combustibles usés. Dans tous les cas, l'objectif est de diminuer le stock de plutonium mais ceci se fait lentement et il faudra attendre l'arrivée des réacteurs rapides pour mieux utiliser cette ressource.

Actuellement, il sort en France en moyenne 1 200 tonnes de combustible irradié par an et 850 tonnes sont retraités. Le retraitement du combustible et l'utilisation du plutonium conduit à un surcoût de 1,3 % du prix du kWh [50].

4.13 QUE FAIRE DES DÉCHETS ?

On distingue les déchets radioactifs[15] à vie courte de ceux à vie longue. Les déchets à vie courte sont constitués de radionucléides dont la période est inférieure à 30 ans. Au bout d'un temps égal à 10 fois la période, la radioactivité sera comparable à celle de l'uranium naturel. Les déchets à vie longue ont une période, $T_{1/2}$, supérieure à 30 ans. L'activité, c'est-à-dire la radioactivité, peut être faible, moyenne ou haute ce qui donne lieu à trois catégories :

• Les *déchets A* sont à vie courte ($T_{1/2} < 30$ ans) et leur activité est faible ou moyenne (émetteurs β et γ). Ils représentent 90 % du volume des déchets radioactifs et 5 % de la radioactivité totale (15 000 m^3/an en France [49]). Ce sont pour l'essentiel des déchets technologiques de l'industrie nucléaire (gants, filtres, *etc.*), des utilisateurs de radioélé-

15. Le fait que l'on parle de déchets signifie que l'on ne pollue pas puisqu'on ne les a pas rejeté dans l'environnement.

ments (hôpitaux, laboratoires d'analyse, industrie…), des laboratoires de recherche.

• Les *déchets B* sont à vie longue. Ils sont de faible et moyenne activités (émetteurs α, β et γ). Ils représentent 9 % du volume total des déchets radioactifs (1 500 m^3/an en France). Ils proviennent pour l'essentiel des usines du cycle du combustible (éléments des gaines de combustibles...).

• Les *déchets C* contiennent des radioéléments de haute activité (émetteurs α, β et γ) à vie longue. Ils viennent des combustibles usés des centrales nucléaires. On a dans cette catégorie les actinides mineurs (américium (Am), curium (Cm), neptunium (Np)) et certains produits de fission (^{129}I, ^{99}Tc, ^{135}Cs). Leur volume est de (200 m^3/an en France).

À ces catégories s'ajoutent les *déchets de très faible activité* (TFA) dont l'activité est de l'ordre d'une dizaine de Bq/g :

• Les éléments radioactifs artificiels à vie courte ou moyenne issus de l'industrie nucléaire, principalement du démantèlement des installations nucléaires.

• Les radioéléments naturels à vie longue provenant d'industries utilisant des procédés qui concentrent la radioactivité naturelle présente dans certains minerais.

Le volume moyen des déchets générés par l'électronucléaire a été divisé par 3,8 entre 1985 et 1995. Depuis 1991, les rejets d'effluents liquides et gazeux ont été divisés par 10.

Les déchets radioactifs à vie longue de haute activité, qui représentent 10 g par Français et par an[16], sont les plus dangereux. Pour ceux-ci, le parlement a voté, le 30 décembre 1991, une loi pour accroître les recherches sur ce sujet pendant une période de 15 ans selon 3 axes :

• la séparation et la transmutation des éléments radioactifs ;

• le stockage réversible ou irréversible dans les formations géologiques profondes à l'aide, notamment, d'expérimentations en laboratoire souterrain ;

• le conditionnement et l'entreposage de longue durée en surface.

Il convient de noter qu'il existe d'ores et déjà des solutions pour la gestion des déchets et que, s'il y avait urgence, on saurait s'en occuper. Les recherches ont pour but d'améliorer ces solutions.

16. 1 g de haute activité et 9 g faiblement radioactifs.

Sur le premier axe de la loi, il s'agit d'étudier des solutions permettant la séparation poussée de différents radionucléides à vie longue pour les stocker ou les *transmuter* dans les réacteurs à eau, les réacteurs à neutrons rapides et certaines installations dédiées comme les systèmes hybrides.

Un système hybride est constitué d'un réacteur nucléaire sous-critique dans lequel on injecte des neutrons produits par un dispositif extérieur. Ce dernier peut être un accélérateur de protons de 1 GeV de haute intensité. Les protons bombardent une cible et créent des neutrons par spallation. Même si ces systèmes hybrides sont intéressants pour la recherche, ils ne seront sans doute jamais économiquement compétitifs car ce sont des dispositifs dédiés qu'il faut ajouter à l'ensemble du parc nucléaire. Or les déchets concernés par la transmutation sont essentiellement les actinides mineurs qui ne représentent que moins d'un pour mille du combustible usé (figure 4.5) et il en restera toujours un peu. Dans un tel système, l'accélérateur de protons est très complexe et doit avoir une excellente fiabilité. Cette technologie d'accélérateurs est encore loin d'être maîtrisée aujourd'hui.

On brûle déjà du plutonium dans des réacteurs thermiques (combustible MOX) et on pourrait sans doute brûler, mais lentement, des actinides mineurs. Toutefois, les réacteurs à neutrons rapides sont de bien meilleurs incinérateurs et peuvent en même temps fournir de l'électricité. Ils semblent être la meilleure solution pour la transmutation.

Les recherches du deuxième axe de la loi ont pour but de mettre au point des technologies, de préférence réversibles, de stockage en sous-sol. Le stockage en profondeur est la solution la plus simple pour stocker les déchets à vie longue et nous avons le retour d'expérience d'Oklo sur ce sujet. À la différence d'Oklo, ces déchets seront conditionnés dans des verres. Même dans des conditions où l'eau lessive le verre, celui-ci n'est altéré, avec la technologie actuelle, que d'un dix millionième par an, ce qui signifie que dans 10 000 ans il sera à 99,9 % identique à son état d'origine. À Oklo, les déchets n'étaient pas conditionnés ; ils se trouvaient simplement dans le sol. Il serait souhaitable que le stockage soit réversible afin de pouvoir reprendre les déchets si l'on trouvait un jour des technologies permettant de les détruire ou de réduire leur volume. Toutefois, un stockage irréversible aujourd'hui peut être réversible demain.

Le troisième axe vise à mettre au point des conditionnements et des modalités d'entreposage de longue durée en attendant que des solutions définitives soient mises en œuvre. Dans le domaine du nucléaire, on distingue l'*entreposage*, provisoire, du *stockage*, quant à lui définitif.

La question qui se pose pour un déchet est de savoir s'il vaut mieux l'entreposer en espérant trouver dans un futur plus ou moins proche des moyens permettant de réduire fortement ses nuisances radiologiques, ou de le stocker.

Avant l'entreposage ou le stockage, les déchets ont besoin d'être conditionnés, car cela permet d'immobiliser et de confiner la radioactivité pour une durée que l'on souhaite la plus longue possible. Ce conditionnement utilise un matériau de blocage qui immobilise les déchets au sein d'une matrice. Celle-ci est entourée d'une ou plusieurs enveloppes qui fournissent une barrière supplémentaire. Le tout est appelé *colis*.

Les colis de déchets de faible activité sont, après conditionnement, stockés en surface par l'ANDRA dans le site de l'Aube. Les déchets de haute et moyenne activités à vie longue y sont pour le moment entreposés. Leur gestion définitive dépendra de la décision que prendra le Parlement. Pour le moment, mis à part les déchets de faible et moyenne activités à vie courte, la gestion des déchets fait l'objet de recherches mais il existe déjà des solutions. Toutefois, l'importance du problème mérite que l'on y réfléchisse de manière approfondie car il n'y a aucune urgence à prendre une décision[17].

4.14 LES RÉSERVES D'URANIUM

L'uranium est un élément assez commun que l'on trouve dans les roches ou dans l'eau de mer. La concentration moyenne est de 2,8 ppm (2,8g/t) dans l'écorce terrestre. Les roches sédimentaires en contiennent moins (2 ppm) et le granit plus (4 ppm). En Australie on trouve des gisements à 0,5kg/t alors qu'au Canada il y a des mines plus riches (200 kg/t). La concentration dans l'eau de mer est plus faible (0,003 ppm).

Le montant des réserves dépend du prix que l'on souhaite consentir pour les récupérer. Il y a eu des stocks considérables d'uranium dans les pays occidentaux et dans l'ex-URSS ce qui a fait baisser les prix et a ralenti les prospections minières. Ainsi le prix de l'uranium est passé de 42,9 $/kg en juillet 1996 à 26,52 $/kg en 1998 [52]. Depuis 2004 on a eu un accroissement important et régulier du prix de l'uranium qui a atteint 130 $/kg à la fin 2006. La consommation annuelle mondiale est

17. De toute manière, il faut attendre que les déchets refroidissent un peu car la radioactivité dégage de la chaleur.

de l'ordre de 60 000 tonnes mais seulement 36 000 tonnes sont issues de gisements miniers. Le reste provient du démantèlement des armes nucléaires et du retraitement des combustibles usés. Areva contrôle 20 % du marché mondial de l'uranium naturel.

Les ressources classiques connues sont de l'ordre de 4,7 millions de tonnes d'uranium récupérables à des coûts égaux ou inférieurs à 130 $/kg [52]. En ajoutant les ressources spéculatives (environ 10 millions de tonnes), on arrive à un total de 14,7 millions de tonnes. Au rythme de la consommation actuelle, les ressources connues à moins de 130 $/kg ne représenteraient qu'environ 80 ans de réserves pour les réacteurs à neutrons lents. Les autres réserves que l'on peut espérer pourraient alimenter les réacteurs thermiques pendant plus de 200 ans. Avec des réacteurs à neutrons rapides, qui permettent d'extraire beaucoup plus d'énergie du combustible, on aurait des réserves pour plus d'une dizaine de milliers d'années.

La répartition géographique des ressources d'uranium est très différente de celle des hydrocarbures. L'Australie détient près du quart des réserves prouvés, le Kazahkstan et l'Amérique du nord en détiennent chacun de l'ordre de 17 %. Les pays ayant les réserves d'uranium les plus importantes sont montrés dans la figure 4.6.

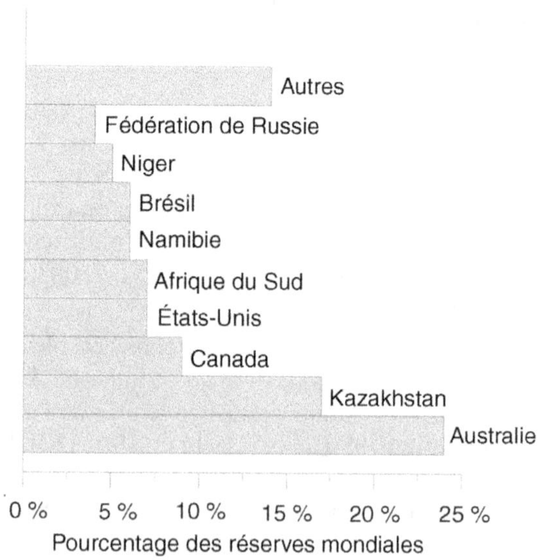

Figure 4.6 Pays ayant les plus grandes réserves connues d'uranium. Données de www.world-nuclear.org.

L'industrie électronucléaire est basée sur le cycle de l'uranium. Il est aussi possible de développer, dans un futur lointain des réacteurs basés sur le thorium. Celui-ci est plus abondant que l'uranium puisqu'il y en a en moyenne 2,5 fois plus dans l'écorce terrestre. Il existe des minerais qui contiennent des teneurs élevées de thorium (10 à 15 %).

4.15 CONCLUSION

Le nucléaire est une énergie jeune qui a déjà montré beaucoup de ses potentialités. Elle a sa place pour répondre, avec les autres énergies, aux besoins croissants de l'humanité. Les craintes relatives à l'accroissement de l'effet de serre sont un nouveau facteur en faveur de son développement, mais il n'est pas le seul. Son gros intérêt est avant tout de produire un kWh à un prix très compétitif [26]. En France, où nous avons développé une industrie nucléaire de tout premier ordre, une grande partie du prix du kWh est issue du travail de notre industrie. Ce n'est pas le cas des centrales à gaz où le combustible est importé et correspond à 70 % du prix du kWh.

La production nucléaire d'électricité a été de 395 TWh en 2000. Il aurait fallu disposer de 87,7 Mtep de pétrole pour produire la même quantité d'électricité. Ceci correspond à 642,7 millions de barils. En prenant un prix de 25 $ le baril, cela fait 16 milliards de dollars. Par ailleurs, notre surproduction électrique permet d'exporter pour 2,75 milliards d'euros d'électricité par an, et le retraitement apporte de l'ordre de 1,5 milliard d'euros de devises. Au total, cela fait donc un peu plus de 20 milliards d'euros qui se trouvent du bon côté de la balance des paiements. Rappelons que la facture pétrolière a été de 20,9 milliards d'euros en 2000. Or on est maintenant loin d'un baril de pétrole à 25 $ puisqu'il atteint en 2007 régulièrement la valeur de 80 $ le baril ou plus. À ce prix là il faudrait que chaque français débourse environ 1000 € chaque année pour faire fonctionner des centrales au fuel produisant la même quantité d'électricité que celle produite aujourd'hui par les centrales nucléaires. Ceci montre toute l'importance du nucléaire dans l'économie française. Il a permis de diminuer considérablement le montant des devises qui sortent du pays et permet d'en faire rentrer alors que la France est dépourvue de ressources énergétiques.

Au niveau de l'Europe, le nucléaire représentait, en 1997, 15 % de la consommation énergétique totale (212,6 Mtep). La part de la France dans la production d'électricité européenne était de 46,7 %. L'intérêt du nucléaire en Europe se situe surtout au niveau de l'indépendance énergétique et de la réduction des émissions de gaz contribuant à accroître l'effet de serre. En effet, la quantité de gaz carbonique évitée par l'usage du nucléaire est à peu près égale à celle qui est émise par les 200 millions de véhicules européens.

Au niveau mondial, le nucléaire n'est pas une réponse à toutes les situations énergétiques. Il n'a aucun intérêt dans les pays à faible densité de population. Il n'est pas non plus souhaitable de l'introduire dans les pays instables politiquement. En revanche, il est intéressant pour fournir de l'énergie à des zones très peuplées.

On observe une évolution des populations qui tend à concentrer celles-ci dans les villes. On prévoit qu'il y aurait, en 2025, de l'ordre de 70 à 75 % de la population dans les villes et que cette proportion atteindrait même 85 % pour les pays industrialisés. Il est difficile de fournir de l'énergie à toutes ces personnes si l'on ne dispose pas de moyens de production concentrés, continus et modulables à la demande.

Il reste enfin le problème des déchets, problème qu'il ne faut pas sous-estimer. Il y a déjà des solutions existantes, mais aucun choix politique définitif n'a encore été fait pour leur gestion. Les déchets à vie longue représentent, en France, 10 g/habitant/an. Le volume de ce type de déchets pour une fourniture d'électricité correspondant à la vie entière d'une personne tient dans une canette de bière[20], alors qu'il faudrait plus d'un camion pour stocker les déchets industriels toxiques correspondants.

20. Si l'on tient compte du conditionnement dans des verres, il faut multiplier ce volume par dix.

Chapitre 5

Utilisation et stockage

L'énergie n'a d'intérêt que si on peut l'utiliser. Pour cela, il faut des dispositifs permettant de transformer, avec le meilleur rendement possible, l'énergie primaire en une forme directement utilisable par le consommateur. La notion de vecteur énergétique, permettant de transporter de l'énergie sur de grandes distances, s'est imposée avec l'électricité. Cette dernière est toutefois volatile et ne doit être produite que lorsque l'on en a besoin, car on n'a pas toujours les moyens de la stocker en grande quantité et c'est cher. Le stockage de l'énergie est actuellement un point faible qui oblige à surdimensionner certains moyens de production.

5.1 L'ÉLECTRICITÉ

L'électricité est un vecteur énergétique très commode. Le nombre d'appareils qui l'utilisent comme source d'énergie dans une maison moderne est de plus en plus important. Le fer électrique, dont l'invention remonte à 1880, a ainsi été une véritable révolution par rapport aux fers en fonte qu'il fallait chauffer sur une cuisinière ou avec des braises.

Pour s'imposer sur le marché, l'électricité a dû livrer, au XXe siècle, une lutte féroce avec les autres sources d'énergie comme le bois, le charbon, le gaz de bois ou de houille, les bougies, *etc*. Elle s'est peu à peu imposée par sa commodité d'emploi et sa compétitivité économique[1]. Toutefois, la production d'électricité et son transport demandent des investissements importants, ce qui en fait une industrie très capitalistique. Tout ce qui se rapporte à ce sujet est largement développé dans la référence [53].

5.1.1 Évolution de la consommation

La consommation électrique mondiale augmente plus vite que celle de l'ensemble des énergies. Entre 1950 et 1990, la consommation d'électricité a été multipliée par 12, alors que la consommation énergétique totale était multipliée par 4. Dans les années 1950-60, la consommation mondiale d'électricité augmentait à un rythme moyen supérieur à 7 % par an. Depuis le choc pétrolier, cette croissance est plus faible. La figure 1.2 montre l'évolution de la consommation électrique intérieure pour la France.

Depuis un demi-siècle, l'usage de l'électricité a beaucoup évolué [53]. Pour la France, en 1950, 76 % de l'électricité étaient consommé par l'industrie, 24 % par le résidentiel-tertiaire. En 2000, l'industrie n'en consommait plus que 34,5 % et le résidentiel-tertiaire 62,2 %. Presque la moitié de cette dernière consommation étant désormais dédiée au chauffage de l'air ou de l'eau. En 2005, 135,8 TWh ont été consommés par l'industrie (sidérurgie comprise) soit 32 % de la consommation totale et 272,6 TWh par le résidentiel-tertiaire (64,3 %) [11]. Les transports (urbains et ferroviaires) n'ont consommés que 12 TWh. En revanche, la part de l'électricité consacrée à l'éclairage est passée de 13 % en 1969 à 9 % en 1995 (elle était de 60 % en 1900) [53].

5.1.2 Production

L'électricité peut être produite à partir de nombreuses sources d'énergie primaire : combustibles fossiles, nucléaire, énergies renouvelables... Dans de nombreux cas, cette production est indirecte car il faut passer par une forme d'énergie intermédiaire pour fabriquer l'électricité. C'est

1. Vers 1900, pour un même pouvoir éclairant et une durée égale, lorsque la lampe à incandescence coûtait 1 franc, la lampe à huile coûtait 1,68 F, celle à pétrole 0,64 F, le gaz 1,52 F et l'arc électrique 0,28 F [53].

le cas de l'énergie mécanique que l'on transforme en énergie électrique avec un *alternateur*. Ce dernier a un excellent rendement (de l'ordre de 99 % pour les alternateurs des centrales nucléaires). En revanche, l'énergie mécanique est en général produite avec un rendement qui n'est pas très bon.

Certaines réactions chimiques produisent directement de l'électricité ; il s'agit des *réactions électrochimiques*. Les *piles* et les *accumulateurs* sont fondés sur ce principe. Les piles ne s'utilisent qu'une seule fois, car les réactifs sont consommés au fur et à mesure de la production d'électricité. Ils sont régénérés dans les accumulateurs en faisant passer un courant en sens inverse. Les cellules photovoltaïques produisent directement de l'électricité à partir de la lumière solaire.

Les piles permettent d'avoir du courant électrique là où il n'y en n'a pas. Leur coût se juge en fonction du service rendu et non du kWh, qui est d'un montant très important. Ainsi, le prix du kWh fourni par une simple pile bâton de type LR6 est de l'ordre de 450 euros. Pour les piles bouton, le prix du kWh peut atteindre 30 000 euros, voire plus. Par ailleurs, les piles nécessitent plus d'énergie pour leur fabrication qu'elles n'en fournissent au moment de leur utilisation. Il faut, pour certaines piles, dépenser plus de 100 fois plus d'énergie pour les fabriquer que ce que l'on pourra récupérer lors de leur utilisation.

5.1.3 Courant alternatif ou continu ?

Pour les applications mettant en jeu l'effet Joule, *i.e.* le dégagement de chaleur consécutif à la circulation du courant, il importe peu que le courant soit continu ou alternatif. En revanche, certaines utilisations comme l'électrolyse ou l'alimentation de composants électroniques nécessitent un courant continu. Néanmoins, c'est le courant alternatif qui a été choisi pour alimenter les grands réseaux de distribution. La raison vient de ce que les pertes dans le transport sont d'autant plus faibles que la tension est élevée. On peut facilement changer la tension du courant alternatif grâce aux transformateurs et adapter celle-ci au transport comme à la distribution. On n'a pas une telle facilité pour le courant continu. Ce dernier pourrait en revanche apporter des innovations déterminantes pour la production décentralisée.

5.1.4 Production centralisée ou décentralisée ?

On peut envisager deux solutions extrêmes pour la production d'électricité. La première est une production concentrée dans certains lieux géographiques, l'autre est une production réalisée sur le lieu d'utilisation. La première solution, adoptée par les pays développés, demande un réseau électrique pour distribuer cette électricité aux consommateurs. Elle permet d'avoir des moyens de production plus économiques et respectueux de l'environnement, puisque l'on pourra plus facilement investir dans des dispositifs permettant de diminuer la pollution. Elle permet aussi de minimiser les moyens de production, car la consommation est lissée par le nombre de consommateurs. Dans le second cas, le consommateur doit avoir des moyens de production lui permettant de répondre à sa demande de pointe, sachant que ceux-ci seront sous-utilisés la majorité du temps.

On estime qu'il faudrait, en décentralisé, une puissance installée environ sept fois supérieure à ce qu'elle est en centralisé.

Dans les régions de grande densité de population, la production centralisée est la meilleure solution. Au contraire, pour un habitat dispersé où il n'existe pas de réseau, la production décentralisée est préférable. En effet, il faudrait dans ce cas construire un réseau très coûteux dont on ne pourrait amortir le prix. Il y a aussi des situations intermédiaires, dans lesquelles on a des populations séparées par de grandes distances, où il peut être intéressant d'avoir des réseaux locaux. En France, la production locale est intéressante dans les sites isolés pour lesquels il n'est pas rentable de prolonger le réseau existant, ou en bout de réseau.

5.1.5 Transport

Le transport et la distribution de l'électricité sont importants car, en l'absence de stockage, la production et la consommation doivent être équilibrés. Pour satisfaire la demande, il faut dimensionner les moyens de production afin de fournir de l'électricité les jours de l'année où la demande est la plus forte[2].

L'électricité est transportée, répartie et distribuée jusqu'au client final grâce à un *réseau électrique* constitué de lignes électriques et de dispositifs permettant de gérer ce flux. Comme toute ligne de transport est constituée de matériaux, il y a une perte d'énergie sous forme de chaleur lors de la circulation du courant électrique. Pour minimiser ces pertes, il faut transporter l'électricité à la plus haute tension possible.

2. En France, la puissance maximum appelée sur le réseau a été de 77,1 GW_e le 17 décembre 2001. Elle avait été de 6,6 GW_e le 21 décembre 1950 [5]. Le 27 janvier 2006, la puissance instantanée appelée a atteint 86,28 GW à 18h58 [94].

Les pylônes et les câbles doivent résister au vent, aux tempêtes, au givre ou encore à la foudre. Le coût d'une ligne dépend du relief de la région traversée (une ligne en plaine coûtant moins cher qu'en montagne). Les lignes de transport doivent être constituées d'un matériau bon conducteur de l'électricité. Le cuivre n'est cependant pas utilisé car il est trop cher. On lui préfère des alliages d'aluminium qui sont plus légers et plus résistants mécaniquement. Il existe en France trois grands types de réseaux :

- le *réseau de transport* qui transporte de grandes quantités d'électricité à 400 kV ($\simeq$ 21 000 km en 1997) ou 225 kV ($\simeq$ 26 000 km) sur de grandes distances ;
- le *réseau de répartition*, couplé au précédent, qui alimente une région plus restreinte à des tensions de 90 kV et 63 kV ($\simeq$ 45 000 km) ;
- le *réseau de distribution* qui va jusqu'aux clients finaux et qui fonctionne à 21 kV et 5,5 kV ($\simeq$ 600 000 km) puis à 400 V ($\simeq$ 600 000 km).

Les pertes dans les lignes, essentiellement par effet Joule, représentent environ 5 % à 10 % de la production. Certains matériaux sont supraconducteurs à basse température, et l'électricité y circule sans perte d'énergie par effet Joule. Malheureusement, cet état supraconducteur n'est obtenu qu'à très basse température, ce qui nécessite de l'énergie pour les refroidir et les maintenir dans cet état.

5.2 LA CHALEUR

Contrairement à l'électricité, la chaleur ne peut se transporter sur de très grandes distances. Les réseaux de chaleur [54] sont essentiellement dédiés au chauffage urbain. Il y a actuellement en France 380 réseaux de chaleur dans 240 villes qui permettent de chauffer 2,4 millions de logements ou équivalents. En Europe, le chauffage urbain concerne 6 % de la population, soit 22 millions d'habitants[3].

Le fluide utilisé pour transporter la chaleur est de l'eau sous forme liquide ou vapeur. Pour les petits réseaux, l'eau est à basse température (110 °C au maximum). Pour les grands ensembles de logements, on utilise beaucoup de l'eau surchauffée (entre 110 °C et 200 °C) sous

3. En France, cela représente 5 % du marché du chauffage alors qu'en Finlande cela correspond à la moitié.

pression (plus de 15 bars à 200 °C). Dans les grands réseaux dédiés aux zones à forte densité de population, on utilise de la vapeur surchauffée à 200-280 °C sous des pressions de 5 à 20-25 bars. Celle-ci peut aussi être utilisée dans des installations industrielles [54].

Plusieurs sources d'énergie primaire permettent de produire de la chaleur[4]. Avec le charbon et le fioul, il faut minimiser les quantités de SO_2 et NO_x émis. Le gaz est plus intéressant car il émet moins de CO_2 par kWh thermique produit. La géothermie basse énergie est bien adaptée à la production de chaleur et une soixantaine de puits ont été forés dans la région parisienne. L'incinération des déchets ménagers[5] permet d'en minimiser le volume, mais il est intéressant de récupérer cette énergie. Ceci permet en particulier d'éviter l'émission de méthane dans l'atmosphère. En France, la puissance installée est de 20 GW permettant de produire 23,7 TWh de chaleur.

5.3 COGÉNÉRATION ET TRIGÉNÉRATION

Lorsque l'on produit de l'électricité avec des moyens conventionnels, le rendement est de l'ordre de 35 % et les 65 % restants sont perdus en chaleur. De plus, on va perdre entre 5 et 10 % de l'électricité produite lors de son transport. Le principe de la *cogénération* est d'utiliser à la fois la chaleur et l'électricité. C'est un moyen de production décentralisée qui permet d'atteindre des rendements de 80 %-90 %, ce qui diminue les émissions de gaz carbonique et autres polluants. On peut ainsi facilement diviser par 2,5 la quantité de CO_2 produit par kWh thermique et électrique confondus. Dans une installation de cogénération, la chaleur, que l'on ne peut transporter très loin, est utilisée sur place. L'électricité est consommée localement et le surplus injecté dans le réseau. Les besoins en chaleur conditionnent la taille de l'installation qui, pour être rentable, doit fonctionner au moins 4 500 heures par an.

Un dispositif de cogénération [55] est constitué d'une machine ou moteur principal, d'un générateur d'électricité, d'un récupérateur de chaleur et d'un système de contrôle. La machine principale peut être une turbine à vapeur, une turbine à gaz, une turbine à cycle combiné ou

4. Les contributions pour la France en 1997 ont été : charbon (21,3 %), fioul (23,4 %), gaz (28 %), renouvelables (4,2 %), incinération des déchets et process industriels (20,5 %) et autres (2,1 %) [54].

5. Le pouvoir calorifique des déchets est en moyenne de 2 440 kWh/t (7 000 à 8 000 kWh/t pour le charbon et 11 000 kWh/t pour le fioul).

un moteur alternatif à explosion. Le gaz est actuellement la meilleure source d'énergie pour un dispositif de cogénération. Dans le futur, on pourra mettre en œuvre des piles à combustibles, des moteurs de Stirling ou des micro-turbines.

La cogénération est intéressante pour les industries qui ont de forts besoins de chaleur et d'électricité tout au long de l'année. Comme cette chaleur est souvent de la vapeur, les turbines à gaz ou à vapeur répondent parfaitement à ces besoins. La cogénération peut aussi être utilisée dans les réseaux urbains de chaleur, notamment dans les pays qui ont besoin de chauffage pendant une grande partie de l'année (pays du nord en particulier[6]). La cogénération est aussi utilisée dans le résidentiel et le commercial (hôpitaux, hôtels, bureaux, etc).

La *trigénération* consiste à utiliser à la fois la chaleur, l'électricité et le froid. Cela se fait avec une meilleure efficacité et une pollution plus faible que dans le cas où on les fabrique séparément. L'énergie des dispositifs de cogénération est utilisée pour fabriquer du froid par compression ou absorption. La trigénération permet de produire de l'eau fraîche pour alimenter les réseaux de climatisation ou les industries en ayant besoin (brasseries, laiteries...).

5.4 LES TRANSPORTS

L'évolution de la société moderne fait que nous nous déplaçons de plus en plus. Les moyens de transport consomment de l'énergie. Les chemins de fer peuvent fonctionner à l'électricité et, si celle-ci est produite de façon propre, leur contribution à l'accroissement de l'effet de serre est faible. Il n'en n'est pas de même des transports routiers [56] et aériens. Les premiers dépendent, au niveau mondial, du pétrole à 98 % et les transports aériens utilisent exclusivement du kérosène.

En 2000, la consommation mondiale de carburants pour les transports routiers s'élevait à 1 550 Mtep, dont 600 Mtep pour le diesel et 950 Mtep pour l'essence. Les carburants alternatifs ne représentaient que 24 Mtep. Il s'agit, par ordre d'importance décroissante, du gaz de pétrole liquéfié (GPL), de l'éthanol (essentiellement au Brésil et

6. En 1999, le Danemark produisait ainsi la moitié de son électricité, les Pays-Bas 40 % et la Finlande environ 35 %. La France produisait à cette époque de l'ordre de 2 % de son électricité par ce moyen [55]. La production d'électricité de cogénération est d'environ 10 % pour l'Europe.

aux États-Unis), du gaz naturel (surtout en Argentine et en Italie), de l'ester méthylique d'huiles végétales et de l'ethyltertiobutyl éther (ETBE) comme additifs respectifs du gazole et de l'essence [56]. En 2002, 50 % des produits pétroliers étaient consacrés aux transports, soit presque 1,8 Gt de pétrole. Si l'on considère l'ensemble des carburants possibles, dont les biocarburants, ainsi que l'électricité, la consommation liée au transports était d'environ 2.4 Gtep en 2005. [91]

En Europe, environ trois quarts de la population vit en zone urbaine et 30 % de l'ensemble des kilomètres parcourus le sont en ville. Les véhicules particuliers et utilitaires représentent 98 % de la consommation énergétique des transports urbains et plus de 10 % des émissions de CO_2 de l'Union européenne.

5.5 LE STOCKAGE DE L'ÉNERGIE

5.5.1 Hydraulique

C'est en remontant l'eau dans des retenues pendant les périodes creuses que l'on arrive à stocker les plus grandes quantités d'énergie sous forme d'énergie potentielle de gravitation. On peut ensuite turbiner cette eau en cas de besoin. Ce moyen est largement utilisé par EDF.

5.5.2 Batteries

L'électricité se stocke mal et souvent en petite quantité.

Les accumulateurs permettent de stocker de l'énergie lorsqu'on les charge, et on peut récupérer celle-ci sous forme de courant électrique lorsqu'ils se déchargent. Ils sont caractérisés par leur *densité d'énergie massique* (l'énergie qu'ils stockent par unité de masse), leur *puissance massique* (l'énergie qu'ils peuvent délivrer par unité de masse et de temps) et leur *cyclabilité* (aptitude à être chargés et déchargés de nombreuses fois).

Les batteries au plomb sont utilisées depuis longtemps dans l'automobile et le seront de plus en plus avec le passage au 36 V et les véhicules hybrides. Elles sont une pièce essentielles des systèmes photovoltaïques. Les densités massiques sont de l'ordre de 30-45 Wh/kg, ce qui exclue des applications portables.

Les accumulateurs Cd/Ni et Zn/Ni fonctionnent en milieu alcalin. Ils sont plus chers mais leur densité d'énergie massique est plus grande (environ 50 Wh/kg pour le Ni/Cd).

Deux filières sont apparues dans les années 1990 : les accumulateurs nickel-métal hydrure (Ni-MH), dont la densité d'énergie massique se situe entre 70 et 80 Wh/kg, et les accumulateurs au lithium avec différentes versions. La batterie nickel-métal hydrure (Ni-MH) est 25 % moins lourde et 30 % moins volumineuse qu'une batterie Ni/Cd. Le recyclage de ces batteries est également plus facile car elles ne comportent que du nickel et pas de cadmium. Les accumulateurs Li-ion, largement utilisés dans les ordinateurs portables, ont des densités d'énergie massique allant de 130 à 160 Wh/kg en constante amélioration[7].

Des batteries de type Na/S ont aussi été développées. La plus grosse d'entre elle, installée à Tokyo, a une énergie de 48 MWh. La densité d'énergie de ce type de batterie est de l'ordre de 150 Wh/kg et sa puissance spécifique de 200 W/kg.

Le tableau 5.1 résume les propriétés de quelques batteries et demi-piles à combustibles (Zn-air et Al-air) qui seront examinées dans la section 5.7.

Tableau 5.1 Ordres de grandeur, pour quelques couples, de la tension à vide V (V), de la densité d'énergie théorique ρ_{th} (Wh/kg), de la densité d'énergie actuelle ρ_E (Wh/kg), de l'énergie volumique ρ_V (Wh/l) et de la densité de puissance ρ_P (W/kg). Source référence [57].

Couple	V	ρ_{th}	ρ_E	ρ_V	ρ_P
Pb-acide	2,15	252	30-45	70-85	200
Li-ion	3,6	631	130-160	260	800
Zn-air	1,4	1 050	200-300	130-330	80-100
Al-air	2,7	8 140	350-450	350-700	500-600

5.5.3 Supercondensateurs

Les supercondensateurs sont des dispositifs constitués de deux électrodes plongées dans un électrolyte, qui peuvent stocker de l'énergie. Ils sont capables de délivrer une forte puissance pendant un temps très court mais ne stockent pas une grande quantité d'énergie. Ils sont complémentaires

7. Les accumulateurs Li-ion n'ont pas d'effet mémoire, peuvent subir environ 300 cycles de charge-décharge et leur degré d'autodécharge est deux fois plus faible que celui des batteries Ni/Cd ou Ni-MH. Toutefois ils sont fragiles, doivent disposer de circuits de protection et vieillissent qu'ils soient utilisés ou pas.

des accumulateurs au plomb qui, comparativement, stockent beaucoup d'énergie mais restituent celle-ci plus lentement. Alors que le supercondensateur ne stocke pas plus de 5-20 Wh/kg, la batterie électrochimique en stocker 30-160 Wh [90]. Un super-condensateur peut se décharger en un temps de l'ordre de la seconde alors qu'une batterie peut fournir de l'énergie pendant une centaine d'heures. L'autre intérêt du supercondensateur est sa très grande cyclabilité.

5.5.4 Volants d'inertie

Un volant d'inertie est un dispositif en forme de roue qui tourne autour de son axe central. L'énergie est stockée sous forme d'énergie cinétique. La densité d'énergie obtenue est de l'ordre de 1 à 5 Wh/kg. Si l'on décompose la masse du volant en petites masses élémentaires, celles qui ont le plus d'énergie cinétique sont situées en périphérie du volant, puisque c'est là que la vitesse linéaire est la plus grande. Un volant qui a un moment d'inertie I et qui tourne à une vitesse angulaire ω possède une énergie cinétique E donnée par $E = \frac{1}{2}I\omega^2$. Un volant d'inertie est couplé mécaniquement à un convertisseur électromagnétique qui permet la transformation réversible d'énergie électrique en énergie mécanique. L'énergie est d'autant plus grande que la vitesse de rotation ω est grande et que le moment d'inertie est élevé. Un bon volant d'inertie doit conserver son énergie pendant longtemps. Il doit aussi pouvoir tourner très vite pour stocker le maximum d'énergie. Cela nécessite des matériaux très résistants. Les pertes étant dues aux forces de friction, on met le volant sous vide pour minimiser celles-ci. On peut aussi avoir recours à des paliers magnétiques pour sustenter et guider l'ensemble.

5.5.5 Air comprimé

L'air comprimé est un moyen utilisé depuis longtemps pour stocker de l'énergie. On peut exploiter l'énergie mécanique libérée dans la détente du gaz. Lorsque celle-ci se fait dans une turbine à gaz, on peut produire de l'électricité. Le rendement de stockage et de récupération n'est pas très bon. En effet, lors de la compression de l'air, celui-ci s'échauffe et il faut évacuer la chaleur produite. Lorsqu'on le détend, l'air se refroidit et on perd une partie de l'énergie de compression du gaz sous forme de froid. Les compresseurs ont, de plus, un très mauvais rendement énergétique.

La première usine de stockage de l'énergie sous forme d'air comprimé a été construite dans une mine de sel il y a près de 25 ans en

Allemagne. Le volume disponible est de l'ordre de 300 000 m^3 [58]. Cette usine permet de répondre aux demandes d'électricité de pointe. Elle peut fournir près de 300 MW d'électricité pendant 2 heures. D'autres usines de grandes dimensions ont été construites aux États-Unis. L'une d'entre elle, mise en service en 1991 en Alabama, comprime de l'air à une pression d'environ 70 bars en utilisant l'électricité excédentaire des heures creuses et stocke le gaz comprimé dans une mine de sel. On utilise l'air comprimé, lors des demandes de pointe, dans une turbine à gaz après l'avoir réchauffé grâce à la combustion du gaz naturel. Une autre usine est en projet de construction dans l'Ohio. Elle utilisera une mine calcaire pour le stockage. Elle devrait permettre d'alimenter 675 000 foyers pendant un peu plus de 2 jours.

5.5.6 Stockage de la chaleur

Si l'on parle beaucoup du stockage de l'électricité, on parle moins de celui de la chaleur qui est néanmoins tout aussi important et que l'on n'exploite sans doute pas assez. Tout matériau a une capacité calorifique et peut stocker de la chaleur en quantité plus ou moins grande selon ses propriétés. Un matériau de capacité calorifique C dont la température augmente de ΔT accroît sa quantité de chaleur de $\Delta Q = C\Delta T$. La capacité calorifique C est égale au produit de la masse m du matériau par sa chaleur spécifique c. Cette dernière quantité a les dimensions d'une énergie divisée par le produit d'une masse et d'une température (J/(kg$\cdot$°C). Si ρ est la densité du matériau, que l'on suppose homogène, et V son volume ($m = \rho V$), on a $\Delta Q = \rho V c \Delta T$. Pour un volume donné, un matériau stockera d'autant plus de chaleur que le produit ρc sera élevé. Cette quantité vaut par exemple 1,02 MJ/($m^3 \cdot$ °C) pour le bois, 1,64 pour le verre, 2,43 pour l'aluminium, 4,19 pour l'eau et 7,75 pour le béton [59].

Il existe des sels fondus qui permettent de stocker beaucoup plus de chaleur par unité de volume. C'est par exemple le cas du sel de Glauber ($Na_2SO_4, 10H_2O$) qui stocke près de 50 fois plus d'énergie par unité de volume que le béton [59].

Si l'utilisation de la capacité calorifique d'un corps est un moyen pour stocker la chaleur ou le froid, l'utilisation du changement de phase d'un corps est aussi un bon moyen de stocker et de restituer de la chaleur ou du froid. On utilise alors la chaleur latente de changement de phase. Ce type de transformation est par exemple utilisé lorsque l'on met un glaçon dans un verre d'eau pour refroidir celle-ci, par exemple.

Pour donner quelques ordres de grandeur, prenons le cas de l'eau. La capacité calorifique est de 4,18 kJ/kg ; la chaleur latente de fusion de la glace de 330 kJ/kg et celle d'évaporation de 2 500 kJ/kg. Cela signifie qu'avec l'énergie nécessaire pour faire bouillir 1 litre d'eau on peut faire fondre 7,6 kg de glace et porter 6 litres d'eau de 0 °C à 100 °C. Une autre manière de stocker de la chaleur et de la transporter sur de longues distances est d'utiliser des réactions chimiques. On peut utiliser de la chaleur pour réaliser une réaction endothermique avec des composés chimiques et l'on transportera les produits obtenus avant de réaliser la réaction inverse qui sera exothermique.

Le stockage de la chaleur aide au lissage de la production électrique. En effet, les cumulus chauffent aux heures creuses et stockent ainsi l'énergie sous forme de chaleur qui sera consommée dans la journée.

5.6 L'HYDROGÈNE

Pour lutter contre l'accroissement de l'effet de serre et anticiper la raréfaction des combustibles fossiles bon marché, il faut trouver un nouveau vecteur énergétique qui pourrait être utilisé dans les transports routiers ou aériens, qui dépendent essentiellement du pétrole. Pour la France, avec 53,7 Mtep en 2004, les transports terrestres consomment environ le quart de l'énergie et ce chiffre augmente, en proportion, plus rapidement que celui de la consommation énergétique totale (en 1973, les transports représentaient 32,4 Mtep).

Un nouveau vecteur énergétique doit pouvoir être produit à partir de différentes sources d'énergie primaire, être facilement transporté, stocké et distribué. Il doit être facile à convertir sous d'autres formes d'énergies : mécanique, électrique, chimique ou thermique. L'hydrogène répond à toutes ces conditions [95]. C'est l'élément le plus abondant de notre planète, essentiellement sous forme d'eau. Il présente une densité massique d'énergie plus élevée que les combustibles fossiles (120 MJ/kg contre 45 MJ/kg pour l'essence) mais sa densité d'énergie volumique est plus faible[8]. L'hydrogène pollue peu car sa combustion produit de l'eau.

8. 1 litre d'essence est équivalent, sur le plan énergétique, à 4,6 litres d'H_2 comprimé à 700 bars. On utilise souvent comme unité de volume pour l'hydrogène le Nm^3 qui est 1 m^3 d'hydrogène sec à 0 °C sous une pression de 760 mm de mercure.

L'hydrogène (sous sa forme moléculaire) n'existe pas dans la nature bien que l'atome d'hydrogène soit extrêmement abondant, que ce soit dans l'eau des lacs, des rivières et des océans ou dans le pétrole et le gaz. On peut le produire à partir de l'eau, mais ceci nécessite de l'énergie et peut également contribuer à augmenter l'effet de serre si l'on utilise des combustibles fossiles pour le faire, sauf si l'on est capable de capturer et de stocker le CO_2 produit.

5.6.1 Production

La production actuelle d'hydrogène s'effectue à partir de combustibles fossiles par reformage catalytique à la vapeur d'eau de méthane ou d'hydrocarbures légers[9]. Cette réaction a lieu vers 800-950 °C en présence d'un catalyseur à base de nickel. La réaction étant endothermique, il faut lui fournir de l'énergie, si bien que l'on consomme environ 0,7 J de méthane pour réformer une quantité de CH_4 représentant 1 J et obtenir autour de 1,2 J d'hydrogène. Le reformage conduit à un mélange de H_2O, H_2, CO et CO_2. On peut aussi fabriquer de l'hydrogène à partir du charbon selon la réaction qui, si elle était complète, s'écrirait :

$$C + H_2O \longrightarrow CO + H_2 \quad \text{et} \quad CO + H_2O \longrightarrow CO_2 + H_2 \qquad (5.1)$$

La fabrication d'hydrogène à partir de combustibles fossiles produit toujours du gaz carbonique. Une production centralisée ne contribuerait pas à augmenter l'effet de serre si l'on pouvait séquestrer celui-ci. Toutefois, il est plus intéressant d'utiliser les combustibles fossiles pour des besoins énergétiques que de fabriquer de l'hydrogène pour répondre aux mêmes besoins.

L'autre façon de fabriquer de l'hydrogène consiste à décomposer l'eau qui est abondante sur la terre :

$$H_2O \longrightarrow H_2 + \tfrac{1}{2}O_2 \qquad (5.2)$$

Ce n'est pas possible industriellement par simple chauffage, car la température nécessaire est beaucoup trop élevée (il faut plus de 3 000 °C pour décomposer l'eau). En revanche, l'électrolyse de l'eau fournit de l'hydrogène très pur en une seule étape. Elle nécessite de l'électricité qui peut être produite par plusieurs voies différentes. Pour

9. L'hydrogène provient aujourd'hui pour 96 % du gaz naturel.

ne pas contribuer à accroître l'effet de serre, il faut utiliser des énergies renouvelables, du nucléaire ou des combustibles fossiles à condition de séquestrer le CO_2 produit lors de l'utilisation de ces derniers. 4 à 5,2 kWh sont nécessaires pour fabriquer 1 Nm^3 d'hydrogène avec un électrolyseur. À ceci, il faut bien entendu ajouter le rendement pour produire l'électricité. Ceci fait que l'hydrogène produit par électrolyse est environ trois à quatre fois plus cher que s'il est issu du gaz naturel.

Comme il n'est pas possible industriellement de dissocier directement par thermolyse la molécule d'eau, des *cycles thermochimiques* ont été imaginés pour réaliser cette décomposition en plusieurs étapes. Plusieurs dizaines d'entre eux permettent d'opérer à des températures inférieures à 1 000 °C. Ces cycles en sont encore au stade de la recherche[10].

Même si les recherches menées sur les cycles thermochimiques utilisant la chaleur fournie par un réacteur nucléaire fonctionnant à très haute température aboutissent, une telle solution a peu de chance de voir le jour au niveau industriel. En effet, il est difficile d'imaginer, pour des raisons de sûreté et de sécurité, une usine chimique construite à proximité d'un réacteur nucléaire.

5.6.2 Transport

L'hydrogène peut être transporté à l'état gazeux sous pression, comme le gaz naturel, dans des canalisations enterrées. Plusieurs réalisations industrielles existent déjà dans le monde et l'on a un bon retour d'expérience sur le sujet. Comme pour le gaz naturel, il faut des stations de recompression régulièrement espacées pour faire circuler l'hydrogène.

Le pouvoir calorifique de l'hydrogène (PCI = 2,57 th/Nm^3)[11] représente environ le tiers de celui du gaz (PCI = 8,55 th/Nm^3). On transporte 3 fois moins d'énergie par unité de volume pour l'hydrogène que pour le gaz naturel, et son transport revient environ 50 % plus cher que celui du gaz naturel. Pour ce dernier, on transporte, à volume égal, 5 fois moins d'énergie que le pétrole et le coût du transport représente environ la moitié du prix du gaz.

---

10. Celui utilisé par exemple à ISPRA par l'Euratom est :

$$6FeCl_2 + 8H_2O \longrightarrow 2Fe_3O_4 + 12HCl + 2H_2 \quad (650\ °C)$$
$$2Fe_3O_4 + 3Cl_2 + 12HCl \longrightarrow 6FeCl_3 + 6H_2O + O_2 \quad (200\ °C)$$
$$6FeCl_3 \longrightarrow 6FeCl_2 + 3Cl_2 \quad (420\ °C)$$

11. 1 thermie = 1,163 kWh.

Un des problèmes de l'hydrogène est la fragilisation intergranulaire des matériaux. Celle-ci ne se produit que si l'hydrogène est très pur. Les impuretés dans le gaz inhibent ce phénomène dans le cas de l'acier et permettent ainsi de le transporter dans les gazoducs.

L'hydrogène peut aussi être transporté et stocké sous forme liquide. La masse volumique de l'hydrogène liquide est de 71 g/L à –253 °C (celle du méthane est de 415g/L à –164 °C) alors qu'elle est de 0,09 g/L (0,72 g/L pour le CH_4) à l'état gazeux à 0 °C. Son point d'ébullition se situe à –252,8 °C ce qui rend sa liquéfaction difficile. Il faut environ 9 800 kWh pour liquéfier 1 tonne d'hydrogène. Comme son pouvoir énergétique est de 33 000 kWh/tonne, ceci représente environ le tiers de cette énergie. C'est bien plus que le gaz naturel (environ 4 %).

5.6.3 Stockage

Nous avons évoqué les capacités de stockage de gaz naturel en France dans le chapitre 2. On peut les utiliser pour stocker de l'hydrogène. On peut aussi stocker celui-ci sous forme liquide avec de faibles pertes[12].

Pour les transports, le volume et le poids sont des paramètres déterminants pour le choix des moyens de stockage. On sait maintenant stocker l'hydrogène à 700 bars dans des réservoirs en matériaux composites. Certains métaux et alliages peuvent fixer de l'hydrogène de manière réversible en formant des hydrures : la réaction est exothermique, aussi faut-il évacuer la chaleur lors de sa formation. L'hydrogène est libéré en réchauffant l'hydrure. De tels systèmes sont compacts mais souvent chers et lourds. À volume égal, il est possible de stocker 2 à 2,5 fois plus d'hydrogène sous forme d'hydrures que sous forme liquide.

5.6.4 Utilisations

Actuellement, l'hydrogène est essentiellement utilisé pour des besoins industriels. En tant que vecteur énergétique, son application majeure s'effectue dans les piles à combustibles qui permettent de produire de l'électricité et de la chaleur.

12. Un réservoir sphérique de 1 000 litres ne perd, par évaporation, que 1 % d'hydrogène par jour [60]. Un réservoir de 150 litres en perd 2 %. Les réservoirs de 3 400 m^3 du centre spatial Kennedy de la Nasa n'en perdent que 0,05 % par jour.

On peut utiliser directement de l'hydrogène comme carburant des moteurs à explosion moyennant quelques adaptations. Sa combustion ne donne que de l'eau mais, avec l'azote de l'air, on peut aussi former des oxydes d'azote car la combustion se produit à haute température.

Pour le transport aérien, on pourrait utiliser l'hydrogène liquide pour remplacer le kérosène comme carburant des avions [60]. Cela permettrait de considérablement réduire la pollution[13].

Dans le passé, le gaz de ville contenait environ une moitié d'hydrogène, l'autre moitié étant du CO toxique pour la santé, si bien que le problème de distribution de ce gaz est bien connu. Dans un futur lointain, lorsque le gaz naturel sera rare, on pourra le remplacer par l'hydrogène.

L'hydrogène peut aussi être utilisé comme moyen de stockage dans les systèmes de production d'énergie qui fonctionnent de manière intermittente, comme l'éolien par exemple. Il pourrait être produit par électrolyse et utilisé, lorsqu'il n'y a pas de vent, dans une pile à combustible. Le rendement serait néanmoins faible, de l'ordre de 30 %.

5.6.5 Les dangers

Comme tout combustible ou carburant, l'hydrogène présente des dangers lors de sa production, de son transport, de son stockage ou de son utilisation. Toutefois, il diffuse très rapidement ce qui, hormis les lieux confinés, lui permet de rapidement se disperser dans l'air. Comme il est très léger, il s'échappe très vite en altitude. Sa limite d'inflammabilité est de 4 %, proche de celle du méthane (5 %).

L'hydrogène, auquel on associe trop souvent une image de danger (les accidents de l'Hindenburg et de Challenger), est très sûr si on le gère convenablement. L'accident de l'Hidenburg n'a pas été causé par à un incendie de l'hydrogène mais par une inflammation de son enveloppe due à une décharge électrostatique dans l'atmosphère.

Des centaines de kilomètres de gazoducs à hydrogène fonctionnent sans problème, depuis plus de 70 ans. On a une longue expérience de ce gaz dont on produit plus de 5 millions de tonnes par an dans le monde (55 milliards de Nm^3 en France) pour les besoins de la chimie et d'autres industries.

13. Le trafic aérien contribue pour 2 % à l'émission des gaz à effet de serre et pour 13 % à celles des transports. De plus, il détruit l'ozone en haute altitude.

5.7 LES PILES À COMBUSTIBLE

La pile à combustible [95] réalise l'inverse de l'électrolyse de l'eau :

$$H_2 + \tfrac{1}{2}O_2 \longrightarrow H_2O \qquad (5.3)$$

Au lieu de réagir de manière explosive, comme lorsque l'on enflamme un mélange stœchiométrique d'hydrogène et d'oxygène, la réaction de combustion dans une pile à combustible est lente, grâce à un catalyseur. Son principe a été découvert en 1839 par W.R. Grove, mais c'est dans la seconde moitié du XXe siècle qu'on a commencé à l'utiliser.

Avec de l'hydrogène comme combustible, on ne produit que de l'eau. Si l'hydrogène est fabriqué sans émettre de gaz contribuant à accroître l'effet de serre, la pile à combustible est un dispositif de conversion d'énergie très propre. On peut aussi utiliser d'autres combustibles commerciaux contenant de l'hydrogène : gaz naturel, GPL, fioul, essence, méthanol, éthanol... Dans ce cas, il faut décomposer le combustible pour en extraire l'hydrogène. C'est le rôle du *reformeur*. Pour les combustibles fossiles hydrocarbonés, le reformage se fait à haute température (600-900 °C). Une première étape transforme, en utilisant de la vapeur d'eau, l'hydrocarbure en un mélange d'hydrogène H_2 et d'oxyde de carbone CO. Un deuxième réacteur transforme, grâce à de l'eau, le CO en H_2 et CO_2. Certaines piles à combustible sont très sensibles au CO qui est un poison pour le catalyseur. Il faut dans ce cas qu'il ne dépasse pas un certain seuil, ce qui pose des problèmes technologiques.

Le cœur d'une pile à combustible [61][95] est constitué d'un électrolyte placé entre deux électrodes poreuses contenant un catalyseur. Son principe général est le suivant (figure 5.1). L'hydrogène est amené sur l'anode et l'air, contenant l'oxygène, sur la cathode. Au niveau de l'anode, l'hydrogène est ionisé en un électron et un ion H^+ (que les chimistes appellent proton mais qui n'est pas la particule dont nous avons parlé dans le chapitre 4). La nature de l'électrolyte est telle qu'il laisse passer les protons mais pas les électrons. Ces derniers doivent circuler dans le circuit externe et créent un courant électrique. Lorsqu'ils arrivent à la cathode, ils sont capturés par l'oxygène et donnent l'ion O^{2-}. Ce dernier se combine aux protons H^+ pour former de l'eau H_2O. Lors de ce processus, on récupère de l'électricité, de la chaleur et de l'eau. On a donc un dispositif de cogénération dont le rendement global peut atteindre 80 %. Le rendement électrique peut aller de 35 % à 60 %

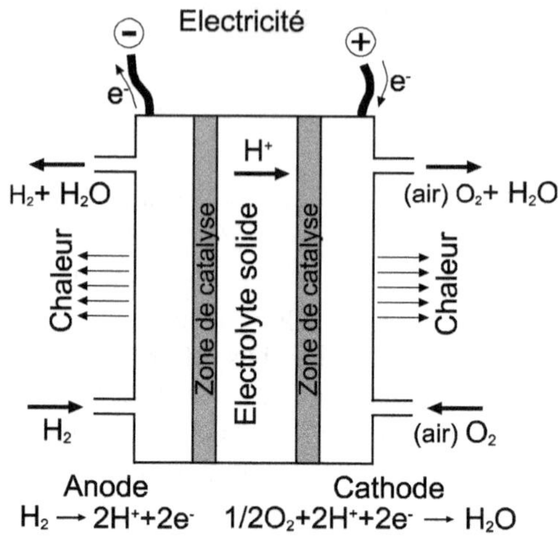

Figure 5.1 Principe d'une pile à combustible fonctionnant avec de l'hydrogène et de l'air.

selon la nature de la pile à combustible. Contrairement aux autres dispositifs, comme les moteurs diesel ou les turbines à gaz qui ont une plage assez étroite de fonctionnement avec un rendement acceptable, les piles à combustible fonctionnent avec un rendement pratiquement constant, de 40 % à 100 % de la puissance maximale, et peuvent être utilisées entre 0 % et 100 % de celle-ci [61].

Plusieurs types de piles à combustible ont été développées [61]. Elles en sont à des stades de développement différents.

• La pile AFC (*Alkaline Fuel Cell*) utilise un électrolyte alcalin (KOH ou NaOH)[14]. Elle fonctionne entre 120 °C et 250 °C et nécessite de l'hydrogène pur. Ce type de pile a été utilisé dans l'industrie spatiale et les applications militaires.

• La PEMFC (*Polymer Electrolyte Membrane Fuel Cell*)[15] a un électrolyte polymère et fonctionne à 80-100 °C. C'est la plus prometteuse pour les transports. De nombreuses recherches lui sont consacrées, notamment pour en diminuer les coûts puisque le prix de la technologie PEMFC revient actuellement à 7 500 euros/kW[16] alors qu'il

14. Réaction à l'anode : $2H_2 + 4OH^- \longrightarrow 4H_2O + 4e^-$.
À la cathode : $O_2 + 4e^- + 2H_2O \longrightarrow 4OH^-$.

15. Réaction à l'anode : $2H_2 \longrightarrow 4H^+ + 4e^-$.
À la cathode : $O_2 + 4H^+ + 4e^- \longrightarrow 2H_2O$.

16. Sur ces 7 600 euros, 3 800 euros viennent de l'ensemble électrode-membrane-électrode et 3 050 euros de la plaque bipolaire en graphite [62].

faudrait, pour une automobile, qu'elle soit au-dessous de 45 euros/kW. Les applications potentielles des PEMFC sont multiples. Cogénération pour le résidentiel-tertiaire (100-300 kW_e), transports-véhicules (50 kW_e pour les automobiles, 100-120 kW_e pour les bus, plus de 200 kW_e pour le rail, les navires ou les sous-marins), éventuellement dans des maisons individuelles avec des puissances de 3-7 kW_e.

• La PAFC (*Phosphoric Acid Fuel Cell*), dont l'électrolyte est de l'acide phosphorique, fonctionne à 200 °C. Les réactions aux électrodes sont les mêmes que pour la PEMFC. Ce sont les premières à avoir été commercialisées. Presque 200 piles de 200 kW_e et 200 kW_{th} fonctionnant au gaz naturel, au propane ou au biogaz ont été installées dans le monde depuis 1995. L'une d'entre elles a fonctionné à Chelles, en France.

• La MCFC (*Molten Carbonate Fuel Cell*) a un électrolyte qui est un mélange de carbonates fondus[17]. Elle fonctionne à 650 °C. Les rendements électrique et thermique sont respectivement de 45 % et 35 %. Elles ne semblent pas avoir d'avenir à cause de problèmes techniques liés à la gestion des carbonates fondus et du CO_2.

• La SOFC (*Solid Oxide Fuel Cell*)[18], dont l'électrolyte est une céramique constituée d'oxyde solide, fonctionne à 800-1 000 °C. Les rendements électrique et thermique sont respectivement de l'ordre de 50 % et 30 %. Avec une turbine on peut même atteindre des rendements électriques de 60 %. Ce type de pile a un grand avenir dans les installations stationnaires. Son avantage est de fonctionner à haute température (de même que pour la MCFC), ce qui permet d'oxyder le CO et d'utiliser directement le gaz naturel sans reformage. Les puissances visées iraient de 100 kW_e à 1 MW_e. La SOFC en est encore au stade de la recherche.

• La DMFC (*Direct Méthanol Fuel Cell*) a un électrolyte solide[19]. Elle fonctionne à une température située aux alentours de 120 °C et oxyde directement le méthanol en eau et gaz carbonique. Son intérêt se

17. À l'anode : $2H_2 + 2CO_3^{2-} \longrightarrow 2H_2O + 2CO_2 + 4e^-$.
À la cathode : $O_2 + 2CO_2 + 4e^- \longrightarrow 2CO_3^{2-}$.
18. À l'anode : $2H_2 + 2O^{2-} \longrightarrow 2H_2O + 4e^-$ ou $2CO + 2O^{2-} \longrightarrow 2CO_2 + 4e^-$
À la cathode : $O_2 + 4e^- \longrightarrow 2O^{2-}$.
19. À l'anode : $CH_3OH + H_2O \longrightarrow 6H^+ + CO_2 + 6e^-$
À la cathode : $3O_2 + 6H^+ + 6e^- \longrightarrow 6H_2O$.

situe dans le domaine de l'alimentation des équipements portables (micro-ordinateurs, téléphones portables...). La recharge de combustible se ferait par simple apport de méthanol.

Les PEMFC sont très séduisantes pour les transports, notamment associées à l'hydrogène. En effet, même si le reformage de composés hydrocarbonés peut être une solution transitoire, l'objectif à long terme est d'utiliser de l'hydrogène. Pour le moment elles en sont au stade de la recherche même si quelques prototypes existent. Il reste encore de nombreux problèmes à résoudre dont les plus importants sont le prix et la fiabilité quelle que soit la température extérieure, les vibrations... Il faut également trouver des solutions pour évacuer la chaleur du véhicule, ce qui n'est pas un problème résolu car la température de la pile est basse comparée à celle d'un moteur à explosion. De gros progrès ont été faits sur la quantité de platine nécessaire pour le catalyseur puisqu'elle a été divisée depuis quelques années par un facteur supérieur à dix. Néanmoins, il faut encore 3 g/m^2 de platine et l'on a 0,6 m^2/kW. Pour une voiture de 50 kW on a donc besoin de 90 g de platine. Le nombre de véhicule dans le monde était de 536 millions début 2000. Il faudrait donc de l'ordre de 48 000 tonnes de platine, soit environ 280 fois la production annuelle mondiale[20].

Il existe d'autres types de pile à combustible que celles dont nous venons de parler, pour lesquelles le vecteur énergétique était l'hydrogène. Il s'agit des piles « métal-air » que l'on appelle parfois demi-piles à combustible. Le vecteur énergétique est ici le métal, qui peut être changé et recyclé lorsque l'électrode est consommée. Les deux couples les plus étudiés sont le Zn-air et l'Al-air dont les caractéristiques sont indiquées dans le tableau 5.1. Ces piles, sur lesquelles des recherches sont encore menées bien qu'il existe déjà pour certaines d'entre elles des réalisations, peuvent être intéressantes pour les équipements portables (téléphones, micro-ordinateurs...), voire pour les véhicules électriques.

5.8 CONCLUSION

L'électricité est un vecteur énergétique qui s'est imposé malgré les investissements importants qui ont été nécessaires. Une société évo-

20. Pour l'année 2000, 73 % du platine provenait d'Afrique du Sud et 20 % de Russie.

luée aurait maintenant du mal à s'en passer. La production de chaleur, et les économies que l'on peut faire pour produire cette énergie finale, est un domaine important auquel on n'accorde sans doute pas toute la considération qu'il mérite. En France, l'énergie sous forme de chaleur représente environ deux fois celle qui est sous forme d'électricité.

Le stockage de l'énergie est clairement le point faible du domaine énergétique et des ruptures technologiques sont nécessaires pour obtenir des produits satisfaisant les demandes croissantes des consommateurs. Avec les technologies actuelles, un stockage domestique de l'électricité reviendrait environ à 15 centimes d'euro par kWh.

Enfin, l'hydrogène sera sans doute l'un des vecteurs énergétiques du futur mais il reste beaucoup de chemin à faire pour qu'il s'impose à grande échelle (infrastructure, normalisation, sûreté, sécurité...).

Même si une civilisation basée sur l'hydrogène est très attrayante du point de vue conceptuel, une utilisation massive de ce vecteur énergétique dans les transports avec des piles à combustibles n'est pas pour un avenir proche.

Les piles à combustibles sont encore beaucoup trop chères pour le domaine des transports et il reste de nombreux problèmes à résoudre. L'hydrogène n'existant pas à l'état naturel, il faut le produire, de préférence sans émettre de gaz à effet de serre. Actuellement, la majeure partie de l'hydrogène utilisée est issue du gaz naturel dont les ressources s'épuiseront vite. À long terme, on peut utiliser le charbon avec séquestration du CO_2 émis. On peut aussi le produire par électrolyse avec de l'électricité fabriquée sans émission de gaz à effet de serre (énergies renouvelables ou nucléaire) mais le coût est environ 3 à 4 fois plus cher qu'avec le gaz naturel. L'hydrogène issu de l'électrolyse ne sera donc compétitif avec le pétrole que lorsque le prix de celui-ci atteindra 75 à une centaine de $ le baril. Le prix sera inférieur si on le produit à partir du charbon. Comme on peut fabriquer des carburants de synthèse à partir du charbon, cela repousse la rentabilité économique de l'hydrogène dans le domaine des transports assez loin. Au niveau des transports routiers, les véhicules hybrides dont nous parlerons seront sans aucun doute la meilleure solution à court et moyen terme.

Il est sans doute plus probable que l'hydrogène s'impose d'abord pour des installations stationnaires en utilisant, par exemple, des piles à combustibles à haute température (de type SOFC) qui ont l'avantage de pouvoir réformer le gaz naturel sans catalyseur.

Chapitre 6

Énergie et environnement

L'utilisation et la production d'énergie conduisent à des déchets et à l'émission de gaz polluants. Ces derniers sont, pour leur grande majorité, rejetés dans l'atmosphère. Compte tenu des quantités mises en jeu, ils sont impliqués dans la dégradation de l'environnement. Mais si l'énergie contribue pour une part importante aux émissions, d'autres secteurs comme l'industrie, l'agriculture... émettent aussi de grandes quantités de gaz dommageables pour l'environnement.

Certaines pollutions sont globales, car elles concernent l'ensemble de la planète, d'autres sont régionales. Il y a enfin des pollutions locales d'ampleur plus limitées mais souvent plus visibles. L'utilisation de l'énergie a aussi un impact sur la santé.

Nos ancêtres sont souvent cités en exemple comme des défenseurs de la nature. La vérité est tout autre et nous prenons certainement plus en compte les effets de l'homme sur l'environnement qu'ils ne l'ont fait. En effet, si la nature était peu perturbée dans le passé, c'est que la population était moins nombreuse que maintenant et le niveau de vie beaucoup plus bas. Ainsi, les hommes du néolithique arrachaient la végétation sauvage, la brûlait et utilisaient les cendres comme engrais : c'est l'écobuage. Ils cultivaient aussi sur brûlis ce qui leur permettait d'éviter de labourer pour semer. Après deux récoltes, ils changeaient de lopin de forêt pour renouveler cette opération. À ce rythme, on estime qu'une famille du néolithique brûlait environ 50 tonnes de bois par an [63]. Ceci correspond, en supposant que le bois brûlé est humide, à une énergie de quelques 150 000 kWh, soit beaucoup plus que ce que consomme une famille française aujourd'hui. Cette énergie n'était même pas utilisée à des fins énergétiques : elle était inutilement dispersée dans l'atmosphère.

Nous avons l'impression, depuis le début du XXe siècle, que l'environnement se dégrade. Paradoxalement, ce n'est sans doute pas le cas et l'espérance de vie des hommes a autant augmenté en un siècle qu'en plusieurs millénaires. En effet, en France, cette dernière est passée de 47 ans au début du XXe siècle, à 80 ans en 2 006 alors qu'elle n'était que de 18 ans chez l'homme de Néanderthal et de moins de 30 ans à la fin du XVIIIe siècle.

6.1 L'EFFET DE SERRE

Nous avons déjà, à plusieurs reprises, parlé de l'effet de serre ainsi que des perturbations apportées par l'émission des gaz contribuant à l'accroître. Nous allons, dans cette section, donner quelques compléments sur ce sujet.

6.1.1 Un climat toujours en évolution

L'environnement terrestre a beaucoup évolué depuis la formation de notre planète, il y a 4,5 milliards d'années. Lors de l'ère quaternaire, la terre a connu une succession de périodes glaciaires et interglaciaires. Plus récemment, il y a eu une petite période de glaciation, entre 1450 et 1880 [64]. Si l'on regarde le dernier million d'années[1], la température moyenne est de 13 °C, elle est de 14 °C si l'on se restreint aux derniers 100 000 ans et de 15 °C pour notre millénaire. Nous sommes

1. L'origine des premiers hominidés bipèdes remonte peut-être à 7-10 millions d'années (Ma). L'homo habilis remonte à 2,5 Ma, l'homo erectus à 1,7 Ma, l'homo sapiens à 100 000 ans et l'homo sapiens sapiens, duquel nous descendons, de 30 000 ans. La sédentarisation et l'agriculture ne datent que de 8 000 ans.

donc actuellement dans une période interglaciaire relativement chaude. Lors du dernier maximum glaciaire, il y a environ 20 000 ans, la température moyenne de l'ensemble du globe était de 4 à 5 °C inférieure à maintenant[2] [64]. Pourtant cette faible diminution de la température s'est traduite par de gros changements par rapport à l'époque actuelle puisque le volume de glace sur la terre avait fortement augmenté. Ceci s'est traduit par un abaissement du niveau des mers d'environ 120 m. Bien plus loin dans le passé, la température moyenne était plus élevée que maintenant. Au crétacé, il y a environ 100 millions d'années, elle était probablement supérieure de 6 °C à celle que nous connaissons actuellement, et le niveau de la mer de 300 m à 400 m supérieur [64]. Ce climat chaud a favorisé la formation de combustibles fossiles et plus de la moitié des réserves de pétrole ont été formées à cette époque.

6.1.2 L'environnement

La vie a beaucoup évolué depuis son apparition sur la terre, avec la disparition et l'apparition de nouvelles espèces. C'est en particulier le cas des dinosaures il y a environ 65 millions d'années. L'environnement terrestre n'est donc pas figé ; il évolue en fonction de phénomènes naturels.

La présence de l'homme sur la terre a progressivement modifié l'environnement. Cela s'est traduit par la disparition d'espèces végétales ou animales, par la modification des habitats des animaux, par l'apparition de cultures, de villes, etc. L'objectif de la race humaine est de se perpétuer aussi longtemps que possible. La population humaine est maintenant importante et son degré d'industrialisation élevé. Les modifications que l'homme apporte à l'environnement ne sont plus négligeables. Alors que les autres êtres vivants s'adaptent à un environnement qui évolue, l'homme essaye d'adapter l'environnement à lui-même, non sans parfois quelques excès.

Lorsque l'on parle de préserver l'environnement, il faut se donner une référence ce qui n'est pas facile car il est en constante évolution. Ce point de repère ne peut être celui qui existait après que la terre se soit formée (il y a 4,5 milliards d'années) et que sa température ait diminué suffisamment pour que la vapeur d'eau contenue dans l'at-

2. Avec sans doute de grandes disparités : –2 °C au-dessus des océans, –10 °C sous nos latitudes, –2 à –6 °C sous les tropiques [64].

mosphère se condense pour créer les océans. En effet, à cette époque, l'homme n'aurait pu survivre : la radioactivité était intense, les rayons du soleil mortels et l'atmosphère dépourvue d'oxygène. D'autre part, l'environnement des années 1970 n'est pas meilleur que celui que nous connaissons actuellement. En l'absence de référence précise, il faut être pragmatique. Nous dirons que préserver l'environnement signifie garder celui-ci dans un état tel que la race humaine puisse continuer à se développer harmonieusement. Ce n'est donc pas une situation figée et il faut s'efforcer de maîtriser les changements apportés à l'environnement en se demandant s'ils sont bénéfiques ou non.

Les premiers « pollueurs » qui ont modifié de façon significative l'environnement terrestre sont des algues unicellulaires. En effet, après que notre planète se fut formée et que les gaz de l'atmosphère primitive (hydrogène et hélium) se furent échappés de celle-ci, une atmosphère contenant, du CO_2, de l'eau (H_2O), du méthane (CH_4), de l'ammoniac (NH_3)... s'est formée. Il n'y avait pas d'oxygène et les rayons du soleil atteignant la terre étaient mortels car les rayons ultraviolets n'étaient pas filtrés par l'atmosphère. Après un énorme déluge, qui a conduit à la formation des océans et à piéger une partie du gaz carbonique, l'atmosphère ne contenait toujours pas d'oxygène. Heureusement, il y a 3,8 milliards d'années, des algues unicellulaires ont réalisé les premières réactions de photosynthèse. En utilisant les rayons lumineux du soleil et le gaz carbonique, elles ont rejeté de l'oxygène dans l'atmosphère.

Pendant 3,5 milliards d'années, la concentration en oxygène a augmenté permettant à la vie animale d'apparaître sur la terre, d'abord dans l'eau pour se protéger des rayons nocifs du soleil. La concentration d'oxygène a progressivement augmenté et une couche d'ozone s'est formée en haute atmosphère à partir de l'oxygène. Elle a filtré les rayons ultraviolets du soleil permettant ainsi à la vie de sortir des océans, il y a environ 350 millions d'années. C'est donc en modifiant considérablement la composition chimique de l'atmosphère que les premiers végétaux ont permis d'obtenir les conditions de vie animale et humaine que nous connaissons.

L'oxygène n'existait pas dans l'atmosphère terrestre originelle. Il a été lentement produit par le processus de photosynthèse qu'utilisent les végétaux pour tirer leur énergie. Les êtres vivants se sont adaptés à la présence d'oxygène bien que ce soit un composé oxydant très réactif, donc toxique. Ils ont développé pour cela le processus de respiration aérobie. On a donc un cycle dans lequel la photosynthèse produit de l'oxygène en absorbant du gaz carbonique et la respiration produit du gaz carbonique en consommant de l'oxygène. La fabrication et la consommation d'oxygène s'équilibrent pour donner la concentration actuelle d'oxygène dans l'atmosphère. S'il n'y avait ni photosynthèse, ni respiration, la concentration d'oxygène diminuerait lentement car la Terre est constituée d'un grand nombre de substances réductrices qui absorberaient peu à peu cet oxygène. Il faudrait environ 4 millions d'années pour qu'il disparaisse complètement. Si la photosynthèse s'arrêtait, les végétaux ne produiraient plus d'oxygène ni de carbone pour le sol. La respiration continuerait à consommer de l'oxygène et le pourrissement des végétaux en surface ferait disparaître le carbone associé. En une vingtaine d'années ce carbone serait consommé et la concentration d'oxygène diminuerait d'environ 1 %.

6.1.3 L'effet de serre

Nous avons déjà abordé, dans les chapitres 1 et 2, le problème de l'effet de serre. Nous allons maintenant donner quelques compléments sur ce sujet. Le lecteur trouvera des données et des analyses intéressantes sur ce domaine dans la référence [10].

Pendant des centaines de milliers d'années la concentration de gaz carbonique est restée dans une fourchette comprise, en volume, entre 180 et 270 ppm (parties par million) avec des variations lentes s'étalant sur des milliers d'années. Les valeurs les plus basses de la concentration en CO_2 ont été observées lors des périodes glaciaires. Hormis les deux siècles précédents, elle est restée stable, autour de 270 ppm, pendant les 5 000 à 10 000 dernières années. Puis elle a régulièrement augmenté, depuis le début de l'ère préindustrielle, pour atteindre 380 ppm aujourd'hui. Cet accroissement est attribué à l'utilisation de combustibles fossiles. La figure 6.1 illustre l'évolution de l'émission de gaz carbonique en France depuis 200 ans. On observe qu'elle croît régulièrement depuis le début du XIXe siècle, ceci étant corrélé à l'augmentation de la consommation énergétique. On observe sur cette figure deux creux qui correspondent aux guerres mondiales : 1914-1918 et 1939-1945. Durant ces périodes, l'activité économique du pays s'est fortement ralentie, l'émission de gaz carbonique aussi. Dans les années 1980, une troisième diminution vient de la mise en service des centrales nucléaires françaises.

La concentration de méthane a doublé en 200 ans en passant de 0,8 à 1,7 ppm. Elle est restée comprise entre 0,6 et 0,7 ppm pendant les périodes interglaciaires, en descendant jusqu'à 0,3 ppm au plus fort des glaciations [65].

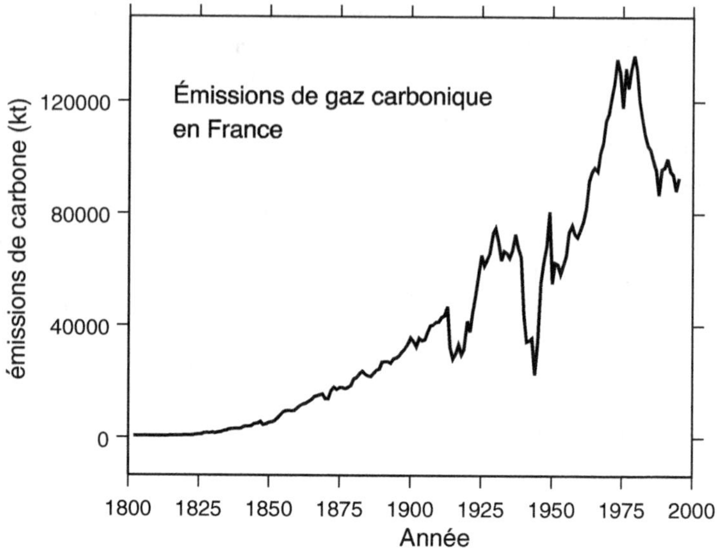

Figure 6.1 Évolution de la concentration de carbone émise de 1800 à 2000 par la France. Source CEA.

Les gaz qui contribuent à un effet de serre additionnel ne donnent pas des impacts de même grandeur. En effet, cela dépend de nature de la molécule et du temps qu'elle va rester dans l'atmosphère avant de disparaître. Pour comparer le pouvoir des gaz entre eux, on définit la quantité, PRG(X), qui est le « *pouvoir de réchauffement global* » [64]. C'est le facteur par lequel il faut multiplier les émissions d'un gaz X pour obtenir la masse de CO_2 qui produirait le même impact sur le climat dans 100 ans. Cela permet de calculer, pour chaque gaz, un équivalent carbone. Par définition PRG(CO_2) $= 1$. Pour le méthane, on a PRG(CH_4) $= 23$, ce qui signifie que 1 kg de CH_4 aura le même impact sur le climat dans 100 ans que si l'on relâche 23 kg de CO_2. C'est la raison pour laquelle il vaut mieux, si on ne l'utilise pas, brûler le CH_4 dans des torchères que de le relâcher dans l'atmosphère. Pour les autres gaz on a PRG(N_2O) = 5 700 à 11 900, PRG(SF_6) = 22 200.

Le CH_4 anthropique est issu des ruminants, des rizières et des fuites de gaz naturel. Le N_2O vient des engrais. En France, 70 % des émissions en équivalent carbone viennent de l'utilisation des combustibles fossiles et l'agriculture contribue à hauteur de 20 % en équivalent carbone avec le CH_4 et le N_2O.

Il peut aussi y avoir des phénomènes de séquestration de CO_2 dans ce que l'on appelle les *puits de carbone*. C'est ce qui se passe en particulier avec les forêts lorsque l'on replante ce que l'on a coupé ou lorsque l'on étend la surface de celles-ci[3].

La répartition du pouvoir de réchauffement global des émissions de la France en 1995 en tenant compte des puits en France est : CO_2 (68 %), CH_4 (11 %), N_2O (19 %) et autres gaz (2 %) [10]. En 1995 [10], 20 % des émissions mondiales de CO_2 avaient pour origine les transports, 15 % le résidentiel tertiaire, 30 % l'industrie et 35 % la production et la distribution d'énergie.

Les activités humaines émettent actuellement deux fois plus de CO_2 que la nature ne peut en absorber (environ 6 milliards de tonnes de carbone[4]). Cela veut dire qu'un habitant de la planète émet, en moyenne, une tonne de carbone par an (un français en émet plus du double). Si l'on voulait simplement stabiliser les émissions, il faudrait émettre ce que la nature est capable d'absorber, *i.e.* 3 milliards de tonnes de carbone, soit en moyenne 500 kg par habitant et par an. Pour la France, il faudrait diviser par 4 ou 5 nos rejets pour stabiliser les émissions : c'est l'idée du facteur 4. Or 500 kg de carbone par an représente la quantité rejetée par une petite voiture pour faire une dizaine de milliers de kilomètres. On voit donc que c'est un objectif extrêment difficile à atteindre d'ici 2050, date qui a été fixée. De plus la France ne représente que 1 % de la population mondiale et il faudrait que tous les pays suivent.

La figure 6.1 montre qu'une fois dans son histoire récente la France a diminué par 4 ses émissions de CO_2 : c'est lorsque la seconde guerre mondiale s'est déclarée. Cette période a correspondu à un changement important des conditions de vie (tickets de rationnements, restriction des transports, malnutrition…). Il s'agit donc du passage à une économie de guerre. Face à cette constatation, on voit qu'il sera difficile de réduire en France nos émission d'un facteur 4.

3. La majorité du stock de carbone ne réside pas dans les parties aériennes des plantes mais dans le sol. Ainsi, pour une forêt tempérée, on a 56,8 tonnes/ha en surface et 96,2 t/ha dans le sol [10]. C'est encore plus flagrant pour les terres cultivées (1,9 t/ha en surface et 80,1 t/ha dans le sol) ou pour les prairies (7,2 t/ha en surface contre 235,8 t/ha dans le sol). En revanche, pour les forêts tropicales, le bilan est équilibré (120,4 t/ha en surface et 122,6 t/ha dans le sol) [10]. Remplacer une prairie par des cultures a donc un effet négatif pour le bilan carbone.

4. On évalue les émission soit en carbone (masse atomique = 12g), soit en CO_2 (masse moléculaire = 44g). Donc 1 kg de C = 3,7 kg de CO_2.

6.2 LES COMBUSTIBLES FOSSILES

On extrait chaque année plusieurs milliards de tonnes de combustibles fossiles (on consommait en 2000 : 3,5 Gtep de pétrole, 2,2 Gtep de gaz naturel et 2,2 Gtep de charbon). L'extraction des combustibles, leur raffinage, leur transport, leur stockage et leur utilisation ne sont pas sans avoir des conséquences importantes sur l'environnement en termes de pollution et de modification de celui-ci .

L'exploitation du charbon dans les mines souterraines ou à ciel ouvert modifie l'environnement, car de grandes quantités de matériaux sont déplacées. Elle libère des matières volatiles (méthane de charbon), ainsi qu'une grande quantité de poussières. Le lessivage par la pluie des tas de charbon non protégés entraîne les composés solubles dans les nappes phréatiques.

L'extraction du pétrole et du gaz peuvent conduire à des affaissements de terrains et les rejets gazeux ou liquides polluent l'atmosphère. On estime qu'environ 5 % de la production de gaz est perdue. Comme l'impact sur l'effet de serre du méthane est 23 fois plus important que celui du gaz carbonique, c'est comme si l'on relâchait dans l'atmosphère tout le volume de la production de gaz en CO_2.

Le raffinage donne des rejets de produits toxiques (poussières, phénols, produits ammoniacaux, etc.). À toutes les étapes du transport et de la manutention des combustibles fossiles il y a des pertes. C'est le cas, par exemple, lors des naufrages de pétroliers qui ont été des catastrophes écologiques (*Erika*, *Amoco Cadiz*, *Exon Valdez*...)[5]. Il y a aussi des fuites lors du stockage.

Le charbon, le pétrole et le gaz sont rarement purs lors de leur extraction. Ils contiennent du soufre dont la combustion conduit au gaz sulfureux (SO_2), dangereux pour la santé et à l'origine des pluies acides. On peut extraire la partie soufrée du gaz naturel avant sa distribution. Pour le pétrole, on fabrique, lors du raffinage, des produits légers peu soufrés (carburants) et des produits plus lourds très soufrés (fuels). Pour le charbon, on n'extrait pas le soufre avant sa distribution. La majeure partie du SO_2 produit est issu de l'utilisation du charbon et du fuel lourd. Toutefois, dans les grosses installations, on peut mettre en œuvre des technologies pour capter une grande partie du dioxyde de

5. Entre 1960 et la fin 1999, il y a eu 37 marées noires dont 6 sur les côtes françaises. Au cours de celles-ci, 3 millions de tonnes de pétrole ont été libérés. Il faut ajouter à ceci les dégazages sauvages.

soufre émis. On sait maintenant construire et exploiter des centrales à charbon propres.

La combustion des énergies fossiles utilise l'oxygène de l'air. Comme ce dernier contient de l'azote, on peut, dans certaines conditions de combustion, former des oxydes d'azote (NO_x).

6.3 LES TRANSPORTS

Les transports dépendent presque essentiellement du pétrole. L'accroissement du trafic des voyageurs, en milliards de passagers-kilomètres a été multiplié par 8 entre 1950 et 1995 et la voiture a représenté 80 % des voyages. À ceci il faut ajouter l'accroissement du fret. La combustion de l'essence ou du diesel dans les moteurs à explosion libère du gaz carbonique qui contribue à accroître de l'effet de serre, ainsi que des polluants (NO_x, particules, etc.). La quantité de gaz carbonique libéré par les activités humaines ne représente que 3 % à 4 % des émissions totales de CO_2. Plus précisément, 1 % ont pour origine la déforestation et 2 % (environ 3 Gt de carbone) proviennent de l'utilisation des combustibles fossiles. Ce pourcentage est faible mais une petite quantité de gaz carbonique additionnelle induit une augmentation importante de l'effet de serre. En 1997, les transports ont contribué pour 16 % à la quantité totale de gaz carbonique émis lors de l'utilisation des combustibles fossiles. Si l'on regarde la contribution des différents types de transports, le trafic routier en représente 62 %, le trafic aérien 17 %, le trafic maritime 7 % et les autres trafics 14 % [67]. En 1994, en France, les émissions de CO_2 dues aux transports ont été de 2,3 tonnes par habitant. Cela représentait 38,8 % des émissions.

Parmi les autres polluants émis par les transports autres que le CO_2, on trouve :

• l'oxyde de carbone (CO), qui peut se fixer sur l'hémoglobine du sang et inhiber sa propriété de fixer l'oxygène[6] ;

• les oxydes d'azote (NO et NO_2) que l'on dénote NO_x (le monoxyde d'azote (NO) est le plus abondant (90 à 95 %)[7]) ;

6. Les émissions de monoxyde de carbone proviennent pour 59 % du transport routier. Elles se sont élevées à 9 380 000 tonnes en 1995, soit une baisse de 18 % par rapport à 1990 [12].

7. La majorité (77 %) de la quantité d'oxydes d'azote (NO_x) émise en 1995 (hors trafic maritime international et aérien) provenait des transports. Cette quantité s'élevait à 1 692 000 tonnes. Une meilleure utilisation de l'énergie, grâce aux nouvelles technologies, a permis de diminuer de 8 % ces émissions entre 1990 et 1995 [12].

• les hydrocarbures qui comprennent le méthane et les composés organiques volatils non méthaniques. Le méthane issu des transports ne représente qu'environ 0,7 % des émissions totales de méthane[8] ;

• l'ozone (O_3) qui résulte de la synthèse photochimique à partir des hydrocarbures et des NO_x ;

• le gaz sulfureux (SO_2) qui vient du soufre contenu dans les carburants mais dont la teneur est de plus en plus faible[9] ;

• les particules (fumées noires, particules en suspension...) qui viennent de la combustion incomplète du carburant. Les particules les plus fines peuvent directement pénétrer dans les poumons et sont nuisibles à la santé humaine. On ne sait pas quels en seront les effets à long terme.

Des progrès importants ont été faits sur l'émission des polluants (CO, NO_x, particules, hydrocarbures) puisque ces valeurs sont passées en moyenne pour un véhicule de 60 g/km en 1960 à 2,8 g/km en 2000, avec un objectif de 1,2 g/km en 2008. Pour l'ensemble des transports routiers français [70], entre 1990 et 2000, les émissions de CO des véhicules ont diminué d'un facteur 2, celles des composés organiques volatils (hors méthane) de 40 % et les NO_x de 25 %. En revanche, les émissions de particules ont augmenté de 65 % entre 1990 et 1995 pour diminuer ensuite tout en restant, en 2000, supérieures de 28 % au niveau de 1990. Cette augmentation a pour origine la plus grande proportion de véhicules diesel. Aujourd'hui, en France, 70 % des nouveaux véhicules sont des diesels. Les émissions de CO_2 sont en constante augmentation car le nombre de véhicules en circulation augmente, bien que les nouveaux en émettent moins. Entre 1990 et 1995, la quantité de CO_2 émise a augmenté d'un peu moins de 10 %.

Les poids lourds et les véhicules utilitaires contribuent pour 75 % aux émissions de particules des diesels. Les fumées noires que l'on observe en ville lorsque les véhicules diesel accélèrent sont d'autant plus importantes que le véhicule est âgé. Les nouveaux véhicules sont beaucoup moins polluants grâce aux nouvelles technologies et aux fil-

---

8. Bien que la principale source d'émission de méthane ($\approx$ 50 %) provienne des animaux, l'extraction, le transport et la distribution de combustibles fossiles y contribuent aussi. Le total émis par la France, en 1995, s'est élevé à 2 892 000 tonnes de CH_4 [12].

9. En 1995, la France a émis 990 000 tonnes de dioxyde de soufre. Ces émissions provenaient en grande partie de la production d'énergie (43 %) ainsi que des transports (13 %). Grâce à son parc électronucléaire et à une meilleure utilisation de l'énergie, la France a diminué ses émissions de SO_2 de 70 % par rapport à 1980 [12].

tres qui sont utilisés. Mais cette amélioration est lente car le parc automobile se renouvelle lentement (environ 8 % par an en France) et la vie moyenne d'une voiture est d'environ 7 ans. Il faut une douzaine d'années pour renouveler la plus grande partie du parc automobile français. Entre 1989 et 2001, les émissions maximales des véhicules particuliers français ont été divisées par 8 (passage de 0,4 à 0,05 g/km) [68]. Pour le SO_2, qui provient de la combustion du soufre toujours présent dans les carburants, le charbon et le fuel domestique ou lourd, les procédés de désulfurisation mis en œuvre ont permis d'en diminuer fortement la teneur, et sa concentration à Paris a été divisée par 10 entre 1965 et 1993 [70].

La pollution due aux véhicules diminue malgré une augmentation importante du trafic. Entre 1970 et 1996, la pollution moyenne d'un véhicule a été divisée par 30. Cette diminution a été particulièrement importante avant les années 1990 car nous partions d'une situation où les progrès technologiques permettaient d'obtenir rapidement des résultats significatifs puisque la pollution était importante. Ainsi, en 1993 à Paris, la concentration en CO représentait 29 % de celle de 1972, celle des poussières 25 % de celle de 1960 et la quantité de plomb avait été divisée par 20 par rapport à 1975 [70]. La concentration en plomb dans l'atmosphère de la ville de Paris est passée de 8 $\mu g/m^3$ en 1978 à 0,2 $\mu g/m^3$ en 1997 [71]. La limite légale imposée par l'Union européenne est actuellement de 2 $\mu g/m^3$ en moyenne annuelle et devrait descendre à 0,5 $\mu g/m^3$.

Toute diminution de la consommation de carburant d'un véhicule diminue proportionnellement la quantité de gaz carbonique émis par kilomètre. De gros progrès ont été faits dans ce domaine ces dernières décennies puisque l'on est passé d'une base de référence pour l'homologation européenne des véhicules de 210 g/km de CO_2 en 1960 à 185 g/km en 1997. L'objectif visé est d'atteindre 140 g/km en 2008 [67][10]

6.4 LES ÉNERGIES RENOUVELABLES

Les énergies renouvelables ont aussi un impact sur l'environnement, même s'il est limité. Beaucoup d'entre elles ne fournissent que de peti-

10. Un rejet de 140g/km correspond à une consommation de 5,2 l/100km de gazole et de 5,8 l/100km d'essence (la différence vient des densités différentes des deux carburants) [96].

tes puissances. Aussi, dès que l'on souhaite disposer de quantités d'énergie pour satisfaire une partie notable de la consommation de pays développés, leurs nuisances deviennent bien visibles. Voyons brièvement quelques problèmes.

La grande hydraulique modifie notablement l'écosystème. Elle peut entraîner des déplacements importants de populations lors de la construction des barrages. Ainsi, plus d'un million de personnes ont été déplacées lors de la construction du barrage des trois gorges en Chine. Des accidents graves peuvent également survenir. Avec 89 grands barrages en France, il y a eu 2 accidents. Le premier, en 1895 à Bouzet, a fait 100 morts, le second, en 1959 à Malpasset, a fait 421 morts et 1 000 hectares de terres agricoles ont été sinistrées [72]. Il y a dans le monde 35 000 à 40 000 barrages dont la hauteur est supérieure à 15 m. Entre 1959 et 1987, il y a eu 30 accidents de barrages et 18 000 victimes [72]. En 1979, la rupture du barrage de Morvi, en Inde, a fait environ 5 000 morts.

Les éoliennes en grand nombre perturbent le paysage et il en faut beaucoup pour produire de grosses quantités d'électricité. Elles sont encore bruyantes, même si de gros progrès ont été faits dans ce domaine. À puissance équivalente, il faut beaucoup plus de béton pour fixer des éoliennes que pour construire une centrale nucléaire, d'où une plus grande émission de gaz à effet de serre.

Dans l'état actuel des technologies, la fabrication des cellules photovoltaïques demande beaucoup d'énergie, souvent issue des combustibles fossiles. Il faut 4 à 5 ans pour récupérer celle-ci, mais la cellule peut fonctionner une trentaine d'années. La grosse source potentielle de pollution concerne les batteries des systèmes photovoltaïques autonomes car elle contiennent du plomb, parfois du cadmium, qu'il faut convenablement recycler. Il faut aussi beaucoup d'énergie pour les fabriquer.

La biomasse n'est intéressante que si l'on consomme ce que l'on plante, sinon on brûle les stocks comme pour le pétrole. Le problème de l'affectation des sols[11], de leur appauvrissement, des gaz à effet de serre émis lors de l'exploitation de la biomasse[12]... ne sont pas simples à résoudre lorsque de grandes surfaces cultivées sont mises en jeu. Outre le CO_2, qui est en partie compensé par celui qui est absorbé lors de la croissance des plantes, la combustion du bois libère du CO, des composés organiques volatils et beaucoup de particules.

11. Si l'on met en culture des prairies, on émet du CO_2 car la prairie stocke 3 fois plus de carbone que le sol cultivé [10].

12. Du N_2O est émis lors de l'épandage des engrais.

6.5 L'ÉNERGIE NUCLÉAIRE

L'énergie nucléaire fait peur car la radioactivité est invisible et peut être dangereuse. Toutefois, l'industrie nucléaire est une des mieux surveillées et contrôlées. La radioactivité est aussi présente dans d'autres domaines que celui de la production d'énergie comme le médical ou le contrôle industriel. La plupart des détecteurs d'incendie contiennent, par exemple, de l'^{241}Am radioactif[13] même si cette technologie disparait progressivement. L'homme est lui même radio-actif avec une activité d'environ 8 000 Bq pour 80 kg.

6.5.1 Unités de radioactivité

Nous avons déjà vu, dans le chapitre 4, le becquerel (1 Bq = 1 désintégration par seconde). Le nombre de particules que l'on reçoit d'une source radioactive non protégée est d'autant plus grand que l'on se trouve près de celle-ci[14]. Toutefois, le nombre de particules qui nous atteint ne dit rien sur l'effet qu'elles ont sur l'organisme. Ainsi, des milliards de neutrinos nous traversent sans pratiquement aucune interaction[15]. Le paramètre important est l'énergie déposée dans un matériau, qu'il soit vivant ou inerte : c'est ce que l'on appelle la *dose absorbée*. L'unité est le *gray* (Gy)[16] et 1Gy = 1 joule/kg. Une dose reçue supérieure à 5 Gy conduit à une mort certaine.

À dose absorbée égale, l'effet sur un être humain varie selon la nature du rayonnement et de l'organe exposé. On parle alors de dose équivalente que l'on mesure en *sievert* (Sv)[17] ; on a 1 Sv= 1Gy $\times Q$, où Q est un facteur dit de qualité qui dépend de la nature du rayonnement. Il vaut 1 pour les électrons et les rayons γ, 20 pour les noyaux d'hélium (particules alpha) et entre 5 et 20 pour les neutrons selon la valeur de leur énergie cinétique. Le sievert est une grande unité puisqu'une dose de 10 Sv conduit à la mort certaine d'un individu.

13. L'activité d'un détecteur à incendie est de l'ordre de 30 000 Bq.

14. Il est inversement proportionnel au carré de la distance aussi, si la distance est divisée par 2, on reçoit 4 fois plus de particules.

15. Sur 100 000 milliards de neutrinos qui traversent la terre, un seul est arrêté.

16. L'ancienne unité était le rad. 1 Gy = 100 rad

17. L'ancienne unité était le rem. 1 Sv =100 rem.

La relation entre l'activité d'une source (son nombre de becquerel) et la dose équivalente absorbée est complexe. Il dépend de plusieurs paramètres et de la nature de l'exposition (externe ou interne). Ainsi, un adulte reçoit une dose de 1 mSv s'il ingère 3 500 Bq de ^{226}Ra ou s'il en inhale 60 Bq [73].

La limite légale que peut recevoir le public au-dessus de la radioactivité naturelle est de 1 mSv/an. Pour les travailleurs du nucléaire, cette limite est de 20 mSv/an moyennée sur 5 ans.

6.5.2 Radioactivité naturelle et artificielle

Un rayonnement donné a exactement les mêmes propriétés qu'il soit d'origine naturelle ou artificielle. Un Français reçoit, en moyenne, une dose de 3,5 mSv par an. La part de la radioactivité naturelle est de 2,45 mSv/an[18] et celle de la radioactivité artificielle de 1,05 mSv/an [74]. Les différentes contributions sont données dans le tableau 6.1. Ces chiffres doivent être pris comme des ordres de grandeur. Les doses reçues par un individu peuvent largement varier autour de ces valeurs selon le lieu d'habitation[19], le mode de vie[20], la santé[21]... On constate qu'en moyenne la radioactivité naturelle contribue pour 70 % aux doses reçues. Les 30 % de radioactivité d'origine artificielle proviennent essentiellement des examens médicaux. L'énergie nucléaire n'intervient que pour 0,1 %, soit 0,004 mSv/an. La contribution des retombées des essais nucléaires et de l'accident de Tchernobyl représentent 0,02 mSv/an.

C'est le radon qui représente la plus grosse contribution de l'irradiation naturelle. C'est un gaz inerte, radioactif, de période courte, dont les descendants sont eux-mêmes radioactifs. On en respire partout, spécia-

18. Dans certaines régions du monde cette valeur peut atteindre 10 à 50 mSv sans qu'il y ait d'incidence sur la santé. Il y a, en France, dans la Creuse, certaines personnes qui recoivent environ 100 mSv/an.

19. La radioactivité d'un sol granitique est de ≈ 8 000 Bq/kg alors que celui d'un sol sédimentaire est de ≈ 400 Bq/kg.

20. Un vol aller-retour Paris New-York correspond à une dose d'environ 0,06 mSv, un séjour à la montagne d'une semaine à 1 500 m d'altitude à 0,01 mSv. En France, un bébé dont on prépare le biberon avec de l'eau minérale, reçoit une dose, due à l'eau, de 0,35 mSv, soit le tiers de ce qui est autorisé (1 mSv) [75].

21. La dose correspondant à une radiographie pulmonaire est de 0,07 mSv, celle d'une radiographie dentaire de 0,1-0,2 mSv, celle d'une angiographie cardiaque de 6,8 mSv et celle d'un scanner cérébral de 50 mSv (soit 50 fois la dose limite autorisée). Pour détruire une tumeur cancéreuse, il faut des doses comprises entre 20 et 50 Sv.

Tableau 6.1 Ordre de grandeur des doses moyennes reçues par un Français [74].

Radioactivité naturelle		
Origine	**Dose (mSv)**	**%**
Tellurique (écorce terrestre)	0,42	12
Rayons cosmiques	0,37	10,5
Interne (homme, eau, aliments)	0,37	10,5
Radon (air)	1,3	37
Total radioactivité naturelle	*2,45*	*70*
Radioactivité artificielle		
Origine	**Dose (mSv)**	**%**
Médecine	1	28,5
Industrie	0,035	1
Nucléaire militaire	0,01	0,4
Énergie nucléaire	0,004	0,1
Total radioactivité artificielle	*1,05*	*30*
Total radioactivité	**3,5**	**100**

lement dans les lieux mal aérés. La CIPR (Commission internationale de protection contre les radiations) indique qu'une activité de 66 Bq/m^3 dans une habitation correspond à 1 mSv/an. En France, 0,5 % des habitations ont une teneur en radon supérieure à 1 000 Bq/m^3, ce qui correspond à une dose supérieure à 15 mSv/an [76].

Pour la radioactivité artificielle, la majeure partie des doses viennent des examens médicaux. C'est la raison pour laquelle on cherche à diminuer les doses reçues sans pour autant diminuer la sensibilité des examens.

Pour des doses inférieures à 100-200 mSv/an, aucun effet sur la santé n'a été décelé. Il n'y a, en particulier, aucune augmentation de cancers ou de leucémies. Alors qu'on sait que de fortes doses peuvent induire des cancers, une grande incertitude règne sur le problème des faibles doses. Par mesure de précaution, les risques sont évalués en extrapolant linéairement les données issues d'Hiroshima et Nagasaki, de patients ayant subie des radiothérapies et d'expériences sur les animaux. Cette extrapolation surestime sûrement les effets car il est très probable, grâce aux systèmes de réparation de l'ADN, qu'il y ait un seuil d'exposition au-dessous duquel il n'y a aucun effet mesurable[22].

Comme on peut le voir dans le tableau 6.1, l'essentiel des doses reçues provient de la radioactivité naturelle ou des examens médicaux. La contribution de l'énergie nucléaire est négligeable. Il y a toutefois, parfois, des incidents ou des accidents. La plupart du temps ils résultent d'erreurs humaines, d'où l'importance qu'il faut accorder au facteur humain dans les études de sûreté.

L'irradiation de la matière vivante peut conduire à des effets que l'on qualifie soit de *déterministes*, soit d'*aléatoires* ou *stochastiques*. Les effets déterministes résultent de la destruction massive des cellules de l'organisme. Ils apparaissent au-dessus d'un certain seuil d'irradiation qui dépend du tissu ou de l'organe irradié. Les dommages augmentent avec la dose reçue. On les observe au bout d'un temps relativement court après l'irradiation (quelques heures à quelques jours). Les effets aléatoires résultent de la modification de l'ADN des cellules. Le patrimoine génétique est alors différent et peut conduire à des cancers au bout d'un temps qui peut être très long (quelques années à quelques dizaines d'années). Ceci sera examiné dans la section 6.6.

L'*irradiation externe* par une source radioactive cesse dès que l'on s'éloigne de celle-ci. L'*irradiation interne*, qui résulte d'une contamination par absorption d'une matière radioactive, est beaucoup plus dangereuse car elle ne cesse que lorsque le produit radioactif est éliminé de l'organisme. La vitesse d'élimination résulte de la conjugaison de deux phénomènes, le métabolisme et la période de désintégration radioactive. C'est la raison pour laquelle on introduit la notion de *période biologique,* qui est le temps au bout duquel l'organisme a éliminé la moitié du produit radioactif. Cette période est différente de la période radioactive du noyau. Ainsi, pour le ^{137}Cs, la période biologique est de 100 jours, alors que sa période radioactive est de 30 ans.

6.5.3 Incidents et accidents

L'industrie nucléaire est très surveillée. Cette rigueur devrait d'ailleurs être introduite dans d'autres secteurs dangereux. Depuis

---

22. On peut prendre la comparaison suivante. Boire deux verres de vin de 25 cl par jour pendant un an n'est pas dangereux pour la santé et peut même être bénéfique, mais boire, pendant seulement un mois de l'année, 6 litres de vin par jour est très certainement nocif. Pourtant le volume annuel consommé est identique.

1991, les incidents et accidents sont classés sur une échelle de risques, dénommée INES (*International Nuclear Event Scale*), qui comporte 8 échelons de gravité. Ce type de classement avait été initié par la France dès 1987. L'échelon 0 correspond à un écart qui n'a aucune importance du point de vue de la sûreté. Le niveau 1 est une simple anomalie. Le niveau 7 correspond à un accident majeur. Le fait de répertorier le moindre incident est bénéfique, car il contraint l'exploitant à travailler rigoureusement. L'historique des incidents et accidents est un excellent retour d'expérience qui permet d'améliorer de manière continue la sûreté des installations[23].

Trois accidents graves ont eu lieu dans des centrales nucléaires depuis qu'elles existent :

• Windscale, entre le 7 et le 12 octobre 1957, sur un réacteur graphite-gaz. L'accident se situe au niveau 5 sur l'échelle INES (accident entraînant un risque à l'extérieur du site). De l'^{131}I (740 terabecquerels, soit 1 000 fois moins que lors de l'accident de Tchernobyl) a été relâché à l'extérieur.

• Three Mile Island aux États-Unis, le 28 mars 1979, sur un REP de 900 MW_e. Cet accident a résulté d'un cumul de défaillances matérielles et d'erreurs humaines. Il a été classé au niveau 5 sur l'échelle INES. L'environnement et les populations n'ont pas été affectés, malgré la fusion partielle du cœur du réacteur, grâce à la bonne tenue de la cuve. L'analyse de cet accident a permis de faire de gros progrès en matière de sûreté.

• Tchernobyl, qui s'est produit le 26 avril 1986, est le plus grave accident survenu jusqu'ici. Il a été classé au niveau 7 sur l'échelle INES (accident majeur). Le type de réacteur impliqué (RMBK) est instable par construction dans certaines plages de fonctionnement et ne possède pas d'enceinte de confinement comme c'est le cas des réacteurs occidentaux. De plus, il y a eu violation des consignes de sûreté en bloquant volontairement des systèmes de sécurité lors d'un essai de sûreté qui n'avait pas été bien préparé. Environ 10 % de la radioactivité contenue dans le cœur a été libérée.

Tchernobyl est l'exemple de ce qu'il ne faut pas faire dans le nucléaire. La gestion postaccidentelle n'a également pas été bien faite, ce qui a entraîné des conséquences sanitaires plus importantes que ce qu'elles auraient dû être. Toutefois, comme le montre les rapports de

23. Pour les REP, on a maintenant l'équivalent de plus d'une dizaine de milliers d'années de fonctionnement.

l'UNSCEAR[24] 2000 et 2001, qui sont résumés dans la synthèse [77], les conséquences sanitaires sont moindres que celles rapportées par les médias[25].

Il faut ajouter à ce qui précède les problèmes psychologiques liés à la peur d'avoir été irradié, au déplacement du lieu de vie... Ils peuvent conduire à des symptômes anxiodépressifs et psychosomatiques graves. Ils ont été observés pour les populations proches des centrales de Tchernobyl ou de Three Mile Island[26] et chez des patients suivis à l'Institut Curie.

Au cours de l'accident de Tchernobyl, une douzaine de kilogrammes de plutonium ont été rejetés dans l'atmosphère [78]. C'est 350 fois moins que les 4,2 tonnes libérés lors des essais nucléaires aériens effectués par les puissances nucléaires [78].

En France, le plus grave incident a eu lieu le 13 mars 1980 à Saint-Laurent-les-Eaux sans aucune conséquence sur l'homme. Il a été classé au niveau 4 (accident n'entraînant pas de risque important à l'extérieur du site)[27].

6.6 LA RADIOACTIVITÉ ET LE VIVANT

Les organismes vivants sont constitués de cellules. Celles-ci coopèrent entre elles pour former les tissus qui permettent à l'organisme de fonctionner. Chaque cellule contient des molécules d'ADN qui possède toute l'information nécessaire au bon fonctionnement de celle-ci et à sa répli-

---

24. Comité scientifique des Nations Unies sur l'effet des rayonnements atomiques.

25. Il y a eu 200 personnes gravement irradiées et 32 sont décédées dans les trois mois suivant l'accident (il y avait 500 à 600 personnes sur le site). Entre 1986 et 1990, 600 000 liquidateurs ont travaillé sur le site. En utilisant les données d'Hiroshima et de Nagasaki, on estime que sans doute 3 000 d'entre eux (0,5 %) mourront un jour des suites de leur irradiation. Après 15 ans de suivi médical, il y a eu un excès de cancer de la thyroïde chez les enfants mais il ne semble pas y avoir d'augmentation globale de la proportion de cancers ou de leucémie chez les adultes.

26. On a observé, chez les liquidateurs de Tchernobyl, un excès de suicides par rapport à une population normale.

27. Une étude de l'OMS, sur la période 1969-1986, a évalué le nombre moyen d'accidents mortels liés à la production d'énergie survenus chaque année. Ils sont au nombre de 200 pour le charbon et l'hydraulique, de 130 pour le pétrole, de 80 pour le gaz et de 3 pour le nucléaire [79].

cation. Une modification de l'ADN peut avoir des conséquences dramatiques pour la cellule. Des altérations se produisent fréquemment mais, heureusement, de puissants mécanismes de réparation existent qui font qu'une modification pouvant avoir des conséquences graves sur les cellules issues de la cellule lésée n'arrive qu'exceptionnellement.

Dans notre environnement, l'oxygène est paradoxalement la molécule la plus toxique pour l'ADN de la cellule. Sa réactivité, indispensable à la vie, conduit, lors de la respiration, à la formation de radicaux libres nocifs pour la cellule. La respiration et le métabolisme entraînent, à cause de l'oxygène, en moyenne 10 000 lésions de l'ADN par jour et par cellule [79]. L'ADN de chaque cellule subit donc un nombre impressionnant d'altérations tous les jours. Heureusement, il existe un système de surveillance très efficace qui réagit à toute altération de l'ADN et des mécanismes enzymatiques le répare. Dans la grande majorité des cas cette réparation est parfaite et tout fonctionne comme avant. Dans quelques très rares cas elle se fait mal et deux situations peuvent se présenter. Dans la première, la cellule active des gènes suicides et programme sa destruction (mort cellulaire). Dans la seconde, on aboutit à une mutation irréversible qui sera inscrite dans le génome et transmise lors de la division cellulaire. Cette mutation est la première étape vers un cancer, mais n'est pas suffisante pour que celui-ci se développe. Il faut d'autres facteurs génétiques et environnementaux pour favoriser la multiplication des cellules mutées. Ceci explique, entre autres, le délai assez long avant l'apparition éventuelle d'un cancer.

Le simple fait de vivre conduit, pour un être humain, à quelques dizaines de milliers d'altérations de l'ADN par cellule et par jour. Son interaction avec l'environnement augmente ce nombre. Ainsi, une heure d'exposition au soleil sur une plage induit entre 60 000 et 80 000 altérations par cellule, 5 cigarettes par jour entre 25 et 50 altérations. La radioactivité naturelle n'induit que 2 altérations par an par cellule [79]. L'industrie nucléaire qui n'y contribue, en moyenne, que pour quelques millièmes de mSv, est tout à fait négligeable. Pour les travailleurs qui interviennent en milieu radioactif, les doses reçues sont généralement équivalentes à celles de la radioactivité naturelle.

Certains individus sont hypersensibles aux effets des rayonnement ionisants, d'autres aux ultraviolets. Cela peut provenir d'une instabilité chromosomique spontanée ou d'un défaut majeur dans les enzymes de réparation de l'ADN [80]. La probabilité d'avoir un cancer de la peau après exposition au soleil est alors très grande chez les personnes hypersensibles aux rayons ultraviolets et peut arriver dès le plus jeune âge (4-5 ans). De même, les personnes sensibles aux rayonnements ionisants peuvent développer des cancers avant l'âge de 20 ans.

Sauf lors de situations exceptionnelles, l'utilisation de l'énergie nucléaire n'a pas d'influence notable sur la santé humaine. Elle est beaucoup plus faible que l'alimentation et le tabac qui sont responsables de 60 % des cancers[28] [79].

6.7 CONCLUSION

Toute activité génère des nuisances. La production, le transport, le stockage et l'utilisation de l'énergie n'échappent pas à cette règle. Dès que l'on a besoin de grandes quantités d'énergie, comme c'est le cas dans les pays développés, il est difficile, quelle que soit la source utilisée, de les satisfaire sans un impact sur l'environnement. En plus des pollutions locales et régionales, il faut maintenant prendre en compte la pollution globale liée à l'émission de gaz contribuant au réchauffement climatique. Parmi les gaz émis lors de l'utilisation de l'énergie, on constate que ceux qui sont réactifs, donc toxiques, disparaissent rapidement mais contribuent fortement aux pollutions locales. Ceux qui ne sont pas toxiques, comme le CO_2, ont en revanche une longue durée de vie dans l'atmosphère.

Alors que les productions centralisées utilisant les combustibles fossiles peuvent réduire la pollution par unité d'énergie générée, voire même la faire disparaître un jour si l'on arrive à séquestrer le CO_2 émis, on reste désemparé pour les transports qui sont des sources délocalisées de pollution.

Le problème du changement climatique induit par l'émission des gaz à effet de serre lors de l'utilisation des combustibles fossiles ou d'autres activités humaines est qu'il se produit en une échelle de temps très courte comparée à l'échelle naturelle. En effet, les changements importants de climat comme les glaciations durent 80 000 ans, et les déglaciations, même si elles sont beaucoup plus rapides, quelques milliers d'années [65]. La nature peut donc avoir beaucoup de mal à s'adapter aux changements induits par l'homme en si peu de temps.

28. Le risque de décès prématuré pour 100 000 personnes est estimé à 21 900 pour le tabac toute causes confondues (8 800 pour le cancer). Elle est de 1 600 pour les accidents de la route [81].

Face aux problèmes d'environnement, l'énergie nucléaire, si elle est rigoureusement gérée et contrôlée[29], est une bonne solution pour produire les grandes quantités d'énergie nécessaires aux régions de grande densité de population ou à celles qui ont de gros besoins énergétiques. En revanche, pour les régions à faible densité de population n'ayant pas de gros besoins, les énergies renouvelables sont de loin la meilleure solution.

29. Tchernobyl a frappé les esprits mais ce n'est pas parce que votre voisin a une voiture en mauvais état et qu'il ne respecte pas le code de la route qu'il faut pour cela ne pas prendre la vôtre.

Chapitre 7

Perspectives

La production et l'utilisation de l'énergie doit de plus en plus s'intégrer dans un développement durable où l'on exploite mieux les ressources et où l'on minimise les déchets et les rejets. La notion de *développement durable*, introduite en 1986 par la commission Brundtland, consiste à satisfaire les besoins du présent sans hypothéquer la capacité des générations futures à satisfaire leurs propres besoins. Dans ce dernier chapitre, nous allons présenter quelques pistes qui s'inscrivent dans cette voie.

Pendant très longtemps, l'homme a utilisé peu d'énergie. Il y a 400 000 ans, il utilisait sans doute de l'ordre de 0,4 kep (kilo équivalent pétrole) par jour pour satisfaire ses besoins alimentaires et survivre (le feu). Depuis la révolution industrielle, l'homme a fortement accrus ses besoins en énergie et, par exemple, un Américain consommait, dans les années 1990, environ 21 kep par jour [87].

Il est intéressant de brièvement comparer le système énergétique humain aux besoins actuels de l'homme en matière d'énergie [1]. La puissance de son métabolisme basal évolue au cours de sa vie. Il est en moyenne de 2,3 W/kg lorsqu'il naît dans un pays développé et atteint 2,7 W/kg trois à six mois plus tard. Il décroît ensuite, avant de se stabiliser vers l'âge de 18 ans pendant une quarantaine d'années, autour de 1,1-1,4 W/kg. Il descend un peu en dessous de 1 W au-delà [1]. Presque la moitié de cette puissance est dédiée au cerveau et près du quart au foie. La grossesse d'une femme nécessite une énergie supplémentaire d'environ 90 kWh [1]. À titre de comparaison, 90 kWh est l'énergie contenue dans 10 litres d'essence qui permettent de faire une centaine de kilomètres en voiture.

La nourriture correspond à un apport énergétique d'environ 2,7 kWh/j. La consommation d'électricité par Français représente environ 20 kWh/j, auxquels il faut ajouter les autres formes d'énergie, ce qui donne une consommation de l'ordre[1] de 50 kWh/j. Tout se passe donc comme si l'homme moderne avait une vingtaine d'esclaves pour l'aider dans sa vie. Cette évaluation sous estime en fait la réalité car bon nombre des objets que nous utilisons ont été fait à l'autre bout du monde. C'est là-bas que l'énergie pour les fabriquer a été consommée et c'est aussi là-bas qu'on été générés les déchets et les pollutions associées. Il faut rajouter à ceci le transport. La société moderne a de gros besoins énergétiques. Par exemple, les 4 réacteurs d'un Boeing 747 en vol ont une puissance de 60 MW, ce qui correspond, pour un vol de 10 heures, à une consommation de 600 MWh [1].

7.1 LES COMBUSTIBLES FOSSILES

Les combustibles fossiles seront encore utilisés longtemps. Des progrès restent à faire pour mieux récupérer le pétrole d'un puits. Pour atteindre des taux supérieurs à 50 %, il faut améliorer les techniques de forage dans toutes les directions spatiales, l'imagerie pour mieux connaître la conformation des puits et les fluides pour rendre le pétrole plus mobile [82].

L'autre défi est de pouvoir capturer et stocker le CO_2 produit dans les moyens de production centralisés. Des expériences sont déjà en cours [83]. En Norvège, on injecte, à partir de la plate-forme offshore de gaz naturel Sleiper située en mer du Nord, 1 million de tonnes de CO_2 chaque année dans un aquifère salin situé à 1 000 mètres de profondeur. Au Canada, c'est chaque jour 5 000 tonnes de CO_2, en provenance d'une usine de gazéification de charbon située à 300 km, qui sont

1. Pour calculer cet ordre de grandeur, on a utilisé le fait que la production d'électricité en France, en 2000, correspondait à 88 Mtep sur les 215,7 consommés au total.

injectés dans un réservoir pétrolier. D'autres projets prévoient d'envoyer le CO_2 à grande profondeur dans l'océan, mais cela pourrait avoir un impact sur l'acidité de l'eau environnante.

La séquestration du CO_2 dans des réservoirs géologiques profonds permettrait de stocker celui-ci pendant des dizaines de milliers d'années mais il faut bien analyser les dangers associés, comme une réémission massive et imprévue de ce gaz[2].

La capture du CO_2 est l'étape la plus coûteuse. On estime entre 30 et 60 € la tonne le coût de la capture et de la compression du gaz carbonique [97]. Le transport est de l'ordre de 3,5 €/t pour 100 km. L'injection et le stockage représenterait 20 €/t pour une quantité de 1 Mt/an mais pourrait descendre à 7 €/t pour des sites stockant 10 Mt/an. La capture du gaz carbonique nécessite de l'énergie ce qui diminue le rendement de production de l'énergie d'autant. Par conséquent plus de CO_2 est émis pour une même quantité d'électricité produite. Pour la capture du CO_2 plusieurs voies sont étudiées :

• La première est en postcombustion, c'est-à-dire après la combustion, ce qui permet de l'appliquer aux centrales actuelles. Il faut séparer du CO_2 dilué dans les fumées de combustion.

• La seconde consiste à mettre en œuvre l'oxycombustion, c'est-à-dire d'utiliser l'oxygène pur extrait préalablement de l'air (ce qui demande de l'énergie). Les fumées de combustion contiennent alors 90 % de CO_2 qu'il est plus facile de séparer.

• La dernière voie est le captage en précombustion où l'idée est de capturer le CO_2 avant la combustion, lorsque le combustible est fabriqué. Pour cela le combustible initial est réformé avec de la vapeur d'eau (vaporeformage) ou de l'oxygène (oxydation partielle) pour produire un gaz de synthèse (mélange d'hydrogène et d'oxyde de carbone).

7.2 LES ÉNERGIES RENOUVELABLES

L'objectif le plus important pour les énergies renouvelables est de rendre économiquement compétitives celles qui ne le sont pas et de gommer leur intermittence pour disposer d'énergie à tout moment. Le photovoltaïque alimentera très probablement 1 milliards de personnes d'ici 2020. D'autre part, des études sont menées pour voir si l'on ne

2. Le gaz carbonique émis par le lac volcanique de Nyos au Cameroun, en 1986, a fait 1 600 morts.

pourrait pas produire de grosses quantités d'énergie dans les déserts (5 % de leur surface pourrait alimenter la planète entière). L'objectif à court et moyen terme pour ces énergies n'est pas de remplacer les énergies fossiles mais de se substituer à elles quand on en a la possibilité afin de diminuer la consommation de celles-ci. Il est aussi important qu'un pays utilise au mieux les ressources renouvelables dont il dispose. Il n'y a pas de solution universelle et chaque cas est particulier. Les solutions pour une maison neuve ne seront pas les mêmes que pour de la rénovation et selon la région et le climat on n'utilisera pas les mêmes technologies.

Nous avons déjà évoqué les énergies marines dans le chapitre consacré aux énergies renouvelables. Outre l'éolien offshore qui est déjà une réalité, revenons rapidement sur les autres car elles pourraient être exploitées dans le futur.

L'énergie des vagues (environ $1 W/m^2$, 45 kW/m de côte) est très diluée et n'est pas encore intéressante économiquement. La France a un bon potentiel comparé à d'autres pays. Sur la côte Nord Atlantique, qui est particulièrement favorable, on pourrait atteindre des prix de l'ordre de 8 centimes d'euros le kWh.

L'énergie thermique des océans est potentiellement 100 fois supérieure à celle des marées ou des vagues (on estime ce potentiel à 10^{13} watts) [30]. Le principe est d'utiliser la différence de température entre la surface de l'océan (25 à 30 °C entre les tropiques) et l'eau en profondeur (7 °C à –600 m par exemple). Pour être exploitable, il faut que la différence de température soit supérieure à 20 °C mais le rendement est très faible (2 %).

Des études très préliminaires sont aussi faites pour étudier comment obtenir de l'énergie à partir de la pression osmotique résultant de la différence de concentration d'ions entre l'eau de mer et une eau douce[3]. Cette propriété a déjà été mise à profit par la nature puisqu'elle est la source de la circulation thermohaline qui constitue le second moteur de la circulation océanique. Avec de l'eau douce, la pression osmotique est très supérieure.

Les pompes à chaleur, qui existent déjà depuis longtemps, vont sans doute beaucoup se développer. On peut les considérer comme une source renouvelable dans la mesure où une grande partie de l'énergie

3. De même que deux corps qui ne sont pas à la même température égalisent celle-ci lorsqu'ils sont mis en contact, deux solutions qui n'ont pas la même concentration mises en contact ont tendance à égaliser celle-ci. La variable que l'on appelle potentiel chimique joue le rôle de la température du premier cas.

qu'elles fournissent vient de ressources renouvelables. Elles permettent d'extraire de la chaleur de sources froides ou à basse température pour produire un fluide à une température suffisante pour être exploité pour le chauffage d'une maison ou d'un bâtiment, par exemple. Comme le transfert spontané de chaleur d'une source froide à une source chaude n'est pas possible, on a besoin d'un travail extérieur pour le faire. C'est précisément ce qui est fait dans une pompe à chaleur. On peut considérer ce type de dispositif comme un amplificateur d'énergie puisqu'avec 1 kWh d'électricité consommée on peut produire 3 à 4 kWh de chaleur. La différence entre ce qui est fourni et ce qui est consommé est pris au milieu extérieur qui peut être l'air, l'eau ou le sol. Dans ce dernier cas on parle de pompe à chaleur géothermique.

D'autres voies sont beaucoup plus futuristes comme celle consistant à récupérer l'énergie solaire dans l'espace. Des centrales solaires orbitales ont été imaginées dès 1968. L'idée est de mettre en orbite géostationnaire (à 36 000 km d'altitude) un panneau solaire de plusieurs km^2. Dans l'espace, les rayons du soleil ne sont pas atténués par l'atmosphère terrestre et on peut dynamiquement orienter les panneaux. On reçoit ainsi en moyenne, par unité de surface, huit fois plus de lumière solaire qu'au sol. On peut utiliser des micro-ondes, qui sont un rayonnement électromagnétique analogue à celui que l'on utilise dans un four à micro-ondes ou dans les téléphones portables, pour ramener cette énergie sur la terre avec des rendements de l'ordre de 50 %. Il faut néanmoins que la densité d'énergie véhiculée par le faisceau de micro-ondes soit suffisamment faible pour ne pas présenter de danger pour les êtres vivants. Ceci conduit alors à des surfaces considérables de radiopiles pour récupérer l'énergie.

7.3 LE NUCLÉAIRE DU FUTUR

L'énergie nucléaire produit de l'électricité sans accroître l'effet de serre. Elle est très concentrée puisque 1g de matière fissile libère environ 1MWj, soit 24 MWh. Les réacteurs du futur qui s'inscrivent dans un développement durable devront satisfaire à 5 conditions aux limites suivantes :

- ils devront fournir un kWh compétitif par rapport aux autres sources d'énergie. La technologie choisie devra être telle que le retour sur investissement soit le plus court possible. Ils devront pouvoir fonctionner longtemps, typiquement pendant 60 ans, et leur maintenance devra être aisée et peu coûteuse ;

• la démarche d'amélioration de la sûreté est régulière et constante dans l'industrie nucléaire. Ils seront encore plus sûr ;

• ils devront extraire le maximum d'énergie du combustible ;

• ils minimiseront la production de déchets et seront capable de brûler une partie de ceux de la génération précédente ;

• ils devront minimiser les risques de prolifération.

Compte tenu de ces contraintes, et surtout de celles concernant les ressources qu'il faut utiliser au mieux, les réacteurs à neutrons rapides sont la meilleure solution. Tout comme les réacteurs à neutrons lents ils peuvent être de différentes technologies. Un exemple de ce type de réacteur est Superphénix développé en France mais abandonné pour des raisons politiques. Des discussions et des études sont actuellement en cours au niveau international dans le cadre de ce que l'on appelle le « Forum Génération IV » [98].

Parmi les solutions possibles nous allons brièvement en présenter une pour illustrer le problème posé.

Une première chose à faire est d'augmenter le rendement de production d'électricité. Pour cela il faut augmenter le rendement thermodynamique en élevant la température de fonctionnement du réacteur. Actuellement, à cause du théorème de Carnot, le rendement thermodynamique d'un REP est de 33 % et l'on rejette 2 kWh de chaleur dans le milieu extérieur pour 1 kWh_e produit[4]. Pour augmenter le rendement il faut un réacteur qui fonctionne à *haute température*.

Contrairement aux réacteurs à neutrons thermiques, qui n'utilisent que de l'ordre de 0,5 % à 1 % de l'énergie contenue dans l'uranium, les réacteurs rapides peuvent en extraire plus de cent fois plus. Les réserves d'uranium permettent alors d'avoir de l'énergie nucléaire pendant plus de 10 000 ans. Cette meilleure utilisation du combustible diminue aussi le volume des déchets, d'une part parce qu'on utilise mieux l'uranium naturel, d'autre part parce qu'une partie des actinides mineurs formés sont brûlés dans le réacteur. Toutefois, on ne peut pas extraire en une seule fois toute l'énergie contenue dans le combustible. Il faut le recycler, c'est-à-dire le *retraiter*. Ces remarques nous orientent donc vers des *réacteurs à neutrons rapides*.

Le caloporteur d'un réacteur à neutrons rapides peut être un gaz (He ou CO_2), du sodium, du plomb-bismuth… qui absorbent peu ou pas les

4. Un réacteur à neutron rapide comme SuperPhénix opérait à plus haute température et son rendement était meilleur, de l'ordre de 45 %.

neutrons. L'architecture la plus simple est de fonctionner en cycle direct (un seul circuit). Actuellement les REP ont deux circuits : le primaire en contact avec la gaine du combustible et le circuit secondaire. Les bouillants, qui n'ont qu'un circuit semblent, toutes choses étant égales par ailleurs, disposer d'avantages du fait de leur cycle direct (pas de générateur de vapeur, par exemple). Les réacteurs rapides à sodium sont plus complexes avec 3 circuits, 2 de sodium et 1 d'eau. Un réacteur rapide à cycle direct utilisant un gaz comme caloporteur est une solution intéressante. Le choix de l'hélium est bien adapté par son inertie chimique et nucléaire mais sa faible densité exclut de fortes puissances spécifiques.

L'autre intérêt d'utiliser un gaz comme caloporteur est la possibilité de développer des turbines s'inspirant des turbines à gaz à cycle combiné qui sont un élément important de la compétitivité économique du gaz (rendements supérieurs à 55 %).

L'utilisation de réacteurs rapides à haute température implique de fortes contraintes sur les matériaux du combustible comme pour ceux de structure. Le flux neutronique rapide intégré sera aussi important. Il faudra donc des matériaux particulièrement résistants. Le combustible devra être réfractaire, performant, résistant aux radiations et retraitable.

Pour illustrer le fait que les réacteurs à neutrons rapides s'inscrivent bien dans le cadre d'un développement durable, prenons l'exemple d'un REP de 1 400 MW électrique de la tranche N4 récemment installée en France. Si l'on fait le bilan de ce qui reste après un fonctionnement de 40 ans, on a environ 7 000 t d'uranium appauvri provenant de l'enrichissement nécessaire à la fabrication du combustible, 1 000 t d'uranium de retraitement et 11 t de plutonium. Ces matières nucléaires permettent, utilisées dans des rapides, de fournir une puissance électrique équivalente pendant plus de 5 000 ans au lieu de 40 ans.

Pour développer l'énergie nucléaire au niveau industriel, deux cycles sont possibles : celui de l'uranium ou celui du thorium. Le cycle de l'uranium a été choisi. Les noyaux fissiles sont l'^{235}U existant à l'état naturel et les noyaux de ^{239}Pu et ^{241}Pu, artificiels. Le cycle de l'uranium peut être démarré facilement. Pour le cycle du thorium, c'est l'^{233}U, dont la période est de 160 000 ans, qui est fissile et il faut le synthétiser à partir du ^{232}Th, fertile. Le cycle du thorium est intéressant car il produit moins de déchets à vie longue. Toutefois, le retraitement des déchets est très complexe car ils contiennent des isotopes radioactifs émettant des rayons γ de plusieurs MeV d'énergie dont il faut se protéger. Le thorium est plus abondant dans l'écorce terrestre que l'uranium et pourra être utilisé lorsque celui-ci sera épuisé. L'uranium et le thorium permettent de disposer de réserves d'énergie pour quelques dizaines de milliers d'années à un coût compétitif. Le thorium est plus proliférant que l'uranium pour fabriquer une arme nucléaire mais, lorsque celle-ci a été réalisée, elle peut être plus facilement détectée.

7.4 L'HABITAT

Environ 43 % de l'énergie finale consommée en France en 2004, a été utilisée dans l'habitat pour le chauffage, la climatisation, la production d'eau chaude sanitaire et l'électricité à usage spécifique… [90]. La consommation d'énergie a fortement augmentée au cours du temps dans le résidentiel-tertiaire puisque cela ne représentait que 28 % de l'énergie finale en 1949. Environ 1/3 de l'énergie est consommée par les bâtiments du tertiaire et 2/3 par les bâtiments résidentiels. Pour ces derniers, 1/3 est utilisée dans le résidentiel collectif et 2/3 dans l'habitat individuel.

L'habitat est donc un poste important en matière énergétique mais aussi en termes d'émissions puisqu'il contribue à hauteur de 21 % aux émissions de gaz à effet de serre de notre pays. Cela correspond à environ 500 kg de carbone par habitant et par an.

Il y a, en France, environ 30 millions le logements et 400 000 nouvelles constructions ont été bâties en 2005. Le renouvellement du parc immobilier demande environ un siècle ce qui est long comparé aux contraintes que l'on devrait s'imposer pour lutter contre le changement climatique. La rénovation de l'habitat ancien est donc d'une grande importance et il faudrait être capable de faire de la rénovation lourde sans que les habitants aient à quitter les lieux.

Les bâtiments construits avant 1975 avaient de mauvaises performances énergétiques. Il fallait en moyenne 328 kWh/m^2/an pour le chauffage et 36 kWh/m^2/an pour produire l'eau chaude sanitaire. Des règlementations ont permis de diminuer ces chiffres. Ainsi, en 2000, les nouveaux bâtiments devaient consommer entre 80 et 100 kWh/m^2/an pour le chauffage et 40 kWh/m^2/an pour l'eau chaude sanitaire. L'objectif à atteindre serait maintenant de 50 kWh/m^2/an pour le chauffage et de 10 kWh/m^2/an pour l'eau chaude sanitaire. Malgré toutes les améliorations dans la construction, le poids du passé pèse lourd et la moyenne française du parc immobilier actuel est de

210 kWh/m^2/an pour le chauffage et de 37,5 kWh/m^2/an pour la production d'eau chaude sanitaire [90].

L'habitat est aussi très lié au transports. Il ne sert à rien de construire une maison consommant peu si l'on doit tous les jours faire une centaine de km pour aller à son travail et en revenir. Il vaut mieux dans ce cas habiter dans un logement moins performant en matière énergétique mais à côté des ses activités professionnelles. De même, s'il est bien d'avoir des exemples de bâtiments pilotes de haute qualité environnementale ou à énergie positive (c'est-à-dire qui produisent plus d'énergie qu'ils n'en consomment), il est bien plus efficace de gagner une dizaine de pourcent en consommation d'énergie sur des centaines de milliers de logements. L'effet de masse est donc primordial en matière de logement tout comme de transport d'ailleurs.

La solution énergétique dépend de plusieurs paramètres si bien qu'il n'y a pas de règle générale. L'objectif est néanmoins de diminuer la consommation d'énergie issue des combustibles fossiles. Pour une maison neuve, par exemple, il est intéressant d'installer à la construction un chauffe-eau solaire qui fournira l'eau chaude sanitaire et alimentera un plancher chauffant. Pour la rénovation, l'utilisation de pompes à chaleur est tout à fait intéressante mais le choix de la source froide dépendra des conditions locales. On peut ainsi utiliser une pompe air-air en région parisienne où il fait rarement une température inférieure à – 15 °C mais dans des régions plus froides, la pompe géothermique, puisant son énergie dans le sol, sera plus appropriée.

L'isolation, l'exposition, l'éclairage, les appareils ménagers, etc. sont autant de points où l'on peut faire des économies d'énergies ce qui permet, au total, de diminuer de manière notable la consommation énergétique d'une maison. Le consommateur a donc un rôle stratégique à jouer en matière de consommation d'énergie pour l'habitat.

7.5 LES TRANSPORTS

Les moyens de transports sont en plein développement, notamment les transports routiers. Il y avait environ 50 millions de voitures dans le monde en 1950, il y en avait de l'ordre de 800 millions en 2006. Ils sont aussi de plus en plus rapides : il fallait 60 jours en 1880 pour traverser l'Atlantique, il faut 7 heures aujourd'hui.

Il est difficile de savoir quels seront les transports de demain car des ruptures technologiques peuvent changer les solutions que nous imaginons aujourd'hui. En effet, on pense actuellement que l'hydrogène sera le futur vecteur énergétique associé à des piles à combustibles de type PEMFC. Ceci suppose deux ruptures, l'une sur le combustible, l'autre sur le moyen d'utiliser celui-ci. La solution transitoire consistera alors à réformer *in situ* les carburants actuels avant de les utiliser.

Même si la pile à combustible et l'hydrogène seront peut-être une solution à très long terme, on est encore loin de cette situation. De nombreuses décennies de recherches seront encore nécessaires pour diminuer le coût des piles et augmenter leur fiabilité. L'hydrogène demande de nouvelles infrastructures pour le produire, le stocker, le transporter ce qui sera lent à mettre en place. Comme nous l'avons signalé précédemment, l'utilisation de piles à combustible dans un véhicule pose aussi le problème de l'évacuation de la chaleur, de son fonctionnement à basse température, de l'approvisionnement en catalyseur, etc.

Compte tenu de la grande expérience acquise pendant plus d'un siècle sur les véhicules utilisant un moteur à explosion, on peut penser que la solution qui va s'imposer pendant 10 à 20 ans, voire plus, est le concept de *véhicule hybride* qui associe un moteur essence ou diesel et un moteur électrique couplé à une batterie que l'on peut recharger sur le secteur électrique, la recharge par le moteur thermique n'intervenant qu'en secours. Il existe actuellement des véhicules hybrides (plus de 1 millions de Toyota Prius ont été vendues dans le monde) mais la batterie est de faible autonomie et ne se recharge pas sur le réseau. C'est le moteur thermique, les freinages et ralentissements qui remplissent cette fonction. C'est surtout la gestion de l'énergie, basée sur l'utilisation de la batterie comme tampon, qui permet de faire baisser la consommation du véhicule. En ville, avec des embouteillages, on peut ainsi diviser par deux la consommation par rapport à une voiture à essence de taille et de puissance comparables et facilement atteindre des consommations de 5l/100km. Avec des véhicules hybrides rechargeable et des batteries permettant une autonomie d'une quarantaine de km, on pourrait, dans la majorité des cas, rouler à l'énergie électrique car la plupart des cas, les trajets pour aller au travail ne dépassent pas cette distance.

En France, on peut imaginer un scénario à moyen terme pour diminuer les émissions de gaz à effet de serre basé sur la motorisation (véhicules hybrides), sur une petite proportion de biocarburants et sur une électricité entièrement produite par l'hydraulique et l'énergie nucléaire.

Bien que l'hydraulique et le nucléaire produisent environ 90 % de l'électricité, 10 % est issue des combustibles fossiles pour satisfaire les besoins de pointe ce qui conduit au total à une émission moyenne de CO_2 de 72 g/kWh, soit de l'ordre de 30 Mt de CO_2 par an. Par ailleurs, les transports utilisent près du quart de notre consommation énergétique (environ 50 Mtep) et dépendent exclusivement du pétrole.

Le véhicule électrique n'a pu s'imposer en raison de sa faible autonomie (une centaine de kilomètres). Il va moins vite et son prix est environ 15 % supérieur à celui d'un véhicule thermique. En revanche, il est silencieux et ne pollue pas (la pollution est reportée sur la fabrication d'électricité qui peut être elle-même très peu polluante). Le coût d'utilisation est faible : on fait 100 km avec 15 kWh, soit moins de 2 euros. Si tous les véhicules français étaient électriques, il faudrait produire environ 75 TWh, ce qui représente une dizaine de réacteurs nucléaires de 1 GW_e. Une rupture technologique dans le domaine des batteries pourrait néanmoins relancer le véhicule électrique.

Avec un véhicule hybride, on peut utiliser le moteur électrique en ville pour les courts trajets. Sur route, on utilise l'un des deux selon les conditions et l'état des batteries.

Les biocarburants ne peuvent pas remplacer l'ensemble du pétrole utilisé pour les transports car il faut en effet choisir entre rouler ou manger. Néanmoins, on peut en produire un peu, ce qui réduit l'émission de gaz à effet de serre. Pour diminuer la surface des terres cultivables, on peut hydrogéner les produits de gazéification de la biomasse [84] et synthétiser des carburants par le procédé Fisher-Tropsch. Cette méthode nécessite, pour la même quantité de biocarburant produit, moins de surface cultivable que la méthode traditionnelle, une partie de l'énergie étant reportée sur la fabrication d'hydrogène. Pour les transports actuels, il faudrait 250 TWh d'électricité pour produire l'hydrogène et 100 millions de tonnes de biomasse. Cela correspond à 35 réacteurs nucléaires et 20 millions d'hectares (il y a 18,3 millions d'hectares de terre arable en France). Avec la jachère (1,4 millions d'hectares) et une quantité équivalente de terres arables, on pourrait produire 20 % des carburants et diminuer l'effet de serre de 20 %. Il faudrait sept réacteurs nucléaires supplémentaires pour produire l'hydrogène.

Si les véhicules rechargent leurs batteries sur le réseau électrique pour 30 % de leur dépense énergétique, il faut pour les satisfaire environ trois réacteurs nucléaires.

Par ailleurs, avec sept réacteurs nucléaires supplémentaires on peut couvrir la production électrique française actuelle avec le nucléaire et l'hydraulique sans avoir besoin de moyens de pointe.

Avec une dizaine de réacteurs nucléaires supplémentaires en France, il serait possible de satisfaire la production française d'électricité sans avoir besoin de moyens de pointe spécifiques et de fournir une partie de l'énergie des véhicules hybrides. Pendant les heures creuses, ils rechargeraient leurs batteries et l'on pourrait fabriquer l'hydrogène nécessaire au traitement de la biomasse et à la fabrication des carburants synthétiques.

Avec cette solution, on n'émet plus de CO_2 pour la production d'électricité et on divise par 2 les émissions ainsi que la consommation de pétrole pour les transports routiers.

7.6 LA FUSION THERMONUCLÉAIRE

L'énergie solaire dont bénéficie la terre provient des réactions nucléaires de fusion qui se produisent à l'intérieur du soleil. La force de gravitation au cœur de l'étoile est telle que l'on obtient des densités et des températures suffisantes pour déclencher des réactions thermonucléaires. L'homme essaie, depuis des décennies, de réaliser des réactions de fusion semblables pour produire de l'énergie mais il n'y a réussi qu'avec la bombe H. La fusion n'est pas encore domestiquée pour produire industriellement de grandes quantités d'énergie. Cet objectif sera peut-être atteint au cours du siècle prochain si les recherches, qui sont actuellement menées au niveau international, débouchent.

La fusion de deux noyaux légers, comme le deutérium et le tritium, libère plus d'énergie par nucléon que la fission. Ainsi, la réaction (D-T) qui correspond à la fusion du deutérium ($D = {}_1^2\mathrm{H}$) et du tritium ($T = {}_1^3\mathrm{H}$) :

$$ {}_1^2\mathrm{H} + {}_1^3\mathrm{H} \longrightarrow {}_2^4\mathrm{He} + n + 17{,}6\ \mathrm{MeV} \qquad (7.1) $$

libère 17,6 MeV. Le noyau d'hélium (${}_2^4\mathrm{He}$) emmène 3,5 MeV et le neutron (n) 14,1 MeV. L'énergie libérée dans une fission est de 0,85 MeV/nucléon (= 200/236) alors que celle libérée lors de la fusion est de 3,5 MeV/nucléon, soit quatre fois plus.

Il existe d'autres réactions de fusion possibles. La réaction D-D peut se faire selon deux voies d'égale probabilité :

$$ {}_1^2\mathrm{H} + {}_1^2\mathrm{H} \longrightarrow {}_2^3\mathrm{He}(0{,}8\ \mathrm{MeV}) + n(2{,}5\ \mathrm{MeV}) \qquad (7.2)$$

$$ {}_1^2\mathrm{H} + {}_1^2\mathrm{H} \longrightarrow {}_1^3\mathrm{H}(3\ \mathrm{MeV}) + {}_1^1\mathrm{H}(1\ \mathrm{MeV}) \qquad (7.3)$$

Elles sont plus difficiles à réaliser que la réaction D-T car la probabilité d'interaction est environ 100 fois plus petite entre 1 et 100 keV, ce qui explique le choix du système (D-T).

Le deutérium est un isotope stable de l'hydrogène présent sur la terre. En revanche, le tritium est un noyau radioactif qui n'existe pas à l'état naturel dont la période est de 12,3 ans. On le synthétise à partir du ^{6}Li par la réaction :

$$ {}^6\mathrm{Li} + n \longrightarrow {}_2^4\mathrm{He} + {}_1^3\mathrm{H} \qquad (7.4)$$

La fusion est beaucoup plus difficile à réaliser que la fission. En effet, un neutron peut facilement s'approcher et pénétrer dans un noyau d'uranium car il n'a pas de charge électrique. Il est en revanche très difficile de faire fusionner deux noyaux légers car ils sont chargés positivement et se repoussent. Cela se produit néanmoins (très lentement[5]) dans le soleil où l'hydrogène se transforme en hélium à des températures de 10 à 15 millions de degrés. Cette fusion est dite *thermonucléaire* car elle est induite par l'énergie cinétique d'agitation thermique des noyaux. Sur terre, on cherche à maîtriser ce phénomène pour produire de l'énergie pendant des temps très longs.

La fusion thermonucléaire est réalisée au sein d'un plasma[6] issu du mélange de deutérium et de tritium. Pour que la fusion thermonucléaire D-T soit possible, il faut :

• une température élevée pour que les ions surmontent la barrière de répulsion électrostatique qui les repousse grâce à l'énergie cinétique d'agitation thermique. Les températures nécessaires pour la fusion D-T sont de l'ordre de 100 millions de degrés kelvin (10^8 K) ;

• une forte densité de particules pour qu'il y ait un grand nombre de collisions entre les ions ;

• un temps de confinement long, pour que la densité et la température du plasma restent élevés et qu'une quantité suffisante du combustible fusionne ;

5. Heureusement, sinon le soleil aurait très vite épuisé son carburant.

6. Un plasma est un état de la matière dans lequel des électrons sont arrachés des atomes. On a un gaz d'électrons et d'ions.

• un confinement sans contact car aucun matériau ne peut résister à des conditions si extrêmes.

Le bilan de puissance d'un réacteur de fusion est positif s'il satisfait au critère de Lawson. Celui-ci se traduit, pour le mélange (D-T) porté à 10^8 K, par la relation $n \times \tau_E > 10^{20}$ sec/m^3, où n est la densité de particules contenues dans le plasma et τ_E le temps de confinement de l'énergie. L'objectif des recherches est d'atteindre l'*ignition*, c'est-à-dire une réaction auto-entretenue. La condition d'ignition est donnée par $n_0 T_0 \tau_E > 6 \times 10^{22}$ ($\mathrm{m}^{-3}\cdot$MJ °K·s), où n_0 et T_0 sont, respectivement, la densité et la température du plasma au centre de celui-ci et τ_E le temps de confinement de l'énergie. Deux voies sont possibles pour réaliser la fusion thermonucléaire :

• Le *Tokamak*, initialement développé en URSS, consiste à confiner le plasma chaud à l'intérieur d'un tore par un champ magnétique qui l'empêche de toucher les parois de la chambre. Cette voie semble la plus prometteuse pour réaliser un réacteur de fusion industriel. La recherche est internationale et le réacteur ITER, actuellement en construction à Cadarache, en France, permettra de remplacer le JET qui est actuellement le plus gros tokamak existant[7].

• Le *confinement inertiel* dont la voie la plus prometteuse est d'utiliser de puissants faisceaux lasers pour comprimer et chauffer un mélange (D-T) enfermé dans des microbilles de verre. Le confinement inertiel met en jeu une densité de particules plus grande pendant des temps très courts. Les applications sont plus tournées vers la simulation d'armes nucléaires que vers la production d'énergie. Même si l'on arrive, au niveau de la microbille, à produire plus d'énergie que ce que l'on a injecté, le rendement des faisceaux lasers est si faible (quelques pour-cent) que l'on consomme, au niveau global, beaucoup plus d'énergie que l'on en produit.

Dans un réacteur de fusion, basé sur le confinement magnétique, 80 % de l'énergie produite est emmenée par les neutrons qui seront absorbés par une couverture entourant le réacteur. Celle-ci contient du lithium, qui permet de produire du tritium qui sera utilisé comme combustible. Cette couverture doit être épaisse, de l'ordre du mètre, car les neutrons de fusion sont très énergétiques (14,1 MeV). Leur ralentissement chauffe la couverture qui est refroidie par un fluide caloporteur dont on peut extraire l'énergie.

7. Son volume de plasma est de 140 m^3 et ses performances sont telles que $n_0 T_0 \tau_E = 9 \times 10^{20}$.

Le facteur d'amplification Q est le rapport entre la puissance fournie par les réactions de fusion et la puissance extérieure injectée. Si $Q > 1$ les réactions de fusion fournissent plus d'énergie que ce que l'on a injecté. Le *break even* correspond à la situation où $Q = 1$. L'énergie produite par les réactions de fusion est alors égale à celle injectée dans le plasma. Dans cette situation, les particules α fournissent une partie de l'énergie du plasma. Dans un réacteur de fusion, on vise l'ignition qui est la situation où la puissance fournie par les réactions de fusion compense les pertes et il n'y a plus besoin de fournir de l'énergie. Le plasma brûle comme brûle une bougie que l'on a allumée et s'autoentretient tant qu'il y a du combustible. L'ignition correspond au cas où Q est infini puisque la puissance extérieure est nulle.

Les déchets produits lors de la fusion sont essentiellement les produits d'activation des structures qui ont l'avantage d'être à vie courte : ils sont inoffensifs au bout d'une centaine d'années. En revanche, il faut prendre soin de bien confiner le tritium car il peut facilement se diffuser dans l'environnement. L'avantage d'un réacteur de fusion est qu'il ne peut pas s'emballer et qu'il peut s'arrêter très vite.

Pour ce qui est des réserves [85], le deutérium est assez abondant. On en trouve 33 g/m^3 dans l'eau de mer, ce qui donne des réserves de l'ordre de $4{,}6 \times 10^{13}$ tonnes. Aux consommations actuelles, celles-ci sont suffisantes pour fournir de l'énergie pendant un temps bien supérieur à la durée de vie de notre planète (5 milliards d'années). Il n'en n'est pas de même pour le lithium. Le lithium naturel contient 92,5 % de ^{7}Li et 7,5 % de ^{6}Li. Sa concentration moyenne dans l'écorce terrestre est d'environ 30 g/m^3 et l'on estime les réserves à 12 millions de tonnes, soit plus de trois fois celles de l'uranium. Le lithium existe également dans l'eau de mer (l'uranium aussi d'ailleurs) à une concentration de 0,17 g/m^3 ce qui conduit à des réserves de 240 000 tonnes. Un réacteur de fusion de 1 000 MWe consomme, par an, 100 kg de deutérium, 150 kg de tritium et 350 kg de lithium dans ses couvertures pour fabriquer du tritium. Avec le lithium terrestre, il y a des réserves pour environ 5000 ans. Avec le lithium extrait de la mer, on a des réserves pour plusieurs millions d'années, ce qui est encore faible comparé au temps qu'il reste à la terre avant de disparaître. La fusion (D-D) devra donc être maîtrisée et utilisée.

ITER est avant tout un grand instrument de recherche. Son but n'est pas de produire de l'électricité mais de maîtriser les conditions pour réaliser un plasma de fusion thermonucléaire. Le réacteur ITER sera 8 fois plus gros que le réacteur international JET (*Joint European Torus*) actuel, situé en Angleterre. Alors que le gain de ce dernier était de 1,

ITER aura un gain de 10. C'est toutefois insuffisant pour produire industriellement de l'électricité : il faudrait atteindre un gain de 40. La puissance d'ITER est de 500 MW_{th} et le plasma sera confiné pendant 400 s au maximum. Le projet initial, il y a 20 ans, visait une puissance de 1 500 MW_{th} et un confinement de 1 000 s. Le Jet, machine internationale située en Angleterre (le plus grand Tokamak du Monde), et le réacteur TORE SUPRA du CEA (le plus grand Tokamak supraconducteur du Monde) situé à Cadarache, ont été des pièces maîtresses dans la préparation du projet ITER. Avant d'aboutir à un réacteur industriel fournissant de l'électricité aux consommateurs, plusieurs étapes seront encore nécessaires. Il faut en effet aboutir à un fonctionnement fiable permettant de fournir de l'énergie de manière continue à un coût économiquement compétitif. Tout d'abord le réacteur actuellement dénommé DEMO, d'une puissance de 2 000 MW_{th}, permettra d'obtenir un gain de 40 et d'étudier plus en détails la production de tritium à partir des couvertures tritigènes, l'extraction de l'énergie, etc. Enfin, un troisième réacteur, appelé PROTO, d'une puissance de 1 000 MWe devrait être un prototype industriel. Compte tenu de la durée de chaque projet (plusieurs décennies) et de leur coût, il est difficile dans le contexte actuel d'envisager une production électrique à grande échelle avant le siècle prochain. Toutefois, si l'on considérait, au niveau international, qu'il est urgent de disposer d'une nouvelle source d'énergie, ce temps de développement pourrait être raccourci.

7.7 LE STOCKAGE DE L'ÉNERGIE

Toute rupture technologique dans ce domaine permettrait de complètement changer le paysage énergétique. Actuellement, les plus grosses quantités d'énergie sont stockées dans les barrages hydrauliques en pompant l'eau dans les retenues. On peut ainsi disposer de puissances de plusieurs GW. L'air comprimé à grande échelle est également une solution.

Les batteries actuelles peuvent certainement être améliorées. Il reste des marges de progrès mais pas véritablement de ruptures. Les demi-piles à combustible de type Al-air ou Zn-air auront peut être un avenir en utilisant l'Al ou le Zn comme vecteur énergétique. L'hydrogène est aussi, comme nous l'avons vu, un moyen de stockage intéressant, notamment pour les énergies renouvelables.

Les systèmes supraconducteurs de stockage magnétique d'énergie existent déjà pour des puissances de 1 à 10 MW pour fournir de l'électricité de haute qualité. Leur principe est de stocker l'énergie dans le champ magnétique créé par un courant circulant dans un aimant supraconducteur. Ce dernier est maintenu à la température de l'hélium liquide dans un cryostat, ce qui consomme de l'énergie. Des recherches sont menées pour développer des systèmes de 10 à 100 MW.

On peut également envisager deux moyens de stockage très futuristes que nous allons maintenant brièvement examiner.

L'énergie mise en jeu dans les réactions nucléaires élémentaires se chiffrent en MeV, soit un million de fois plus que pour les réactions chimiques. La question est de savoir si l'on pourrait avoir un stockage de type « nucléaire ». La réponse pourrait venir des noyaux qui possèdent des états de haut spin ou des configurations isomériques. En effet, certains noyaux ont des états situés à quelques Mev au-dessus de l'état fondamental et vivent assez longtemps pour être utilisés. Par exemple, le noyau de ^{178}Hf a une période de 36 ans dans un état situé à 2,4 Mev au-dessus de l'état fondamental. Un autre, comme le ^{198}Re, a une durée de vie de 300 000 ans et serait susceptible de stocker un terajoule par litre pendant plusieurs milliers d'années [86]. Si l'on sait stocker cette énergie, on ne sait en revanche pas la récupérer à la demande. Pour cela, il faudrait être capable de moduler la période du noyau excité. Si c'était le cas, et si l'on pouvait généraliser le processus à d'autres excitations nucléaires, ce qui est loin d'être évident, on pourrait aussi résoudre le problème des déchets nucléaires puisqu'il suffirait de modifier la période de ceux-ci pour transformer ceux qui sont à vie longue, en des noyaux à vie courte.

L'antimatière n'existe pas à l'état naturel dans notre monde et ne peut donc pas être une source d'énergie. En revanche, on pourrait penser l'utiliser pour stocker de l'énergie. Toutefois, dans l'état actuel des recherches, il faut fournir infiniment plus d'énergie (de l'ordre de 10^8 fois plus) pour produire de l'antimatière que ce que l'on peut récupérer par la suite[8]. Le stockage de celle-ci, dans des bouteilles magnétiques, consomme aussi de l'énergie et présente un danger en cas de panne de confinement. Même si l'on était capable de stocker de grandes quantités d'antimatière, il se poserait le problème de récupérer l'énergie libérée sous forme de photons très énergétiques.

8. La production d'un milliardième de gramme (10^{-9}g) en 10 ans au CERN a coûté quelques centaines de millions d'euros.

7.8 LES NÉGAWATTHEURES

L'énergie est abondante et bon marché dans les pays développés. Cela conduit à du gaspillage. Toutefois un grand nombre d'êtres humains sont encore dans un état de pauvreté énergétique. Un Éthiopien, par exemple, consomme en moyenne 320 fois moins d'électricité qu'un Français. Un développement durable demande une maîtrise de la consommation énergétique et des économies. Réaliser un même service avec moins d'énergie doit être un objectif constant. Ces wattheures qu'on ne consomme pas peuvent être qualifiés de *négawattheures*[9]. Ce sont ceux qui polluent le moins puisqu'on ne les a pas produits.

Des dispositifs électroniques permettent maintenant de gérer intelligemment les systèmes énergétiques et de faire des économies substantielles. Leur coût, en constante diminution, devrait permettre de les utiliser plus fréquemment.

Nous allons donner quelques ordres de grandeurs des quantités d'énergie que l'on peut économiser. De nombreux exemples peuvent être trouvés dans la référence [87].

Une évaluation des besoins en chauffage et climatisation d'une maison standard de 100 m^2 et de 250 m^3 de volume sont de 14 300 kWh par an. Si la maison est bien orientée, on peut gagner 34 % d'énergie (9 420 kWh). Enfin, la même maison bioclimatique consomme 65 % d'énergie en moins (5 070 kWh) [87].

Pour le chauffage d'une maison, un convecteur électrique convertit 1 kWh d'électricité en chaleur alors qu'une pompe à chaleur peut produire, selon la températures extérieure, entre 3 et 4 kWh de chaleur pour 1 kWh électrique consommé [87].

Une cheminée traditionnelle a un rendement compris entre 10 et 15 %. Avec un récupérateur de chaleur simple on peut atteindre 25 % et jusqu'à 50 % avec un récupérateur inversé. Les foyers fermés, pour les constructions nouvelles, ou les inserts, pour les cheminées existantes, ont des rendements qui vont jusqu'à 70-80 %. Il existe maintenant

9. On utilise souvent le terme de négawatt mais cela se rapporte en fait à une puissance. Cela ne donne pas une idée de la quantité d'énergie économisée. Une lampe basse consommation de 20 W qui remplace une lampe ordinaire de 100 W, par exemple, crée 80 négawatts mais ne donne pas une idée réelle de l'économie effectuée. En effet, une lampe de 100 W ne consomme pas d'énergie lorsqu'elle est éteinte.

des poêles performants qui ont des rendements compris entre 70 % et 80 %, tout en étant moins polluants, alors qu'ils étaient de 40 % pour les vieux dispositifs. Les chaudières à bois[10] atteignent aujourd'hui des rendements proches de ceux des chaudières au fioul ou au gaz (85 %) [87].

Le solaire thermique n'est pas encore assez utilisé malgré les nombreux avantages qu'il présente, que ce soit à l'aide de vitrages et vérandas convenablement agencés, de murs capteurs, de chauffe-eau solaires ou de plancher solaire direct... La microcogénération individuelle peut aussi être une solution en modulant la proportion de chaleur et d'électricité produite.

L'éclairage dans le résidentiel-tertiaire représente, en France, 14 % de la consommation d'électricité. Les lampes à incandescence traditionnelles ont un rendement très faible (5 %) et 95 % de l'énergie est perdue sous forme de chaleur[11]. La quantité de lumière fournie, évaluée en lumens par unité de puissance, permet d'évaluer l'efficacité d'un éclairage. Une lampe à incandescence a un rendement de 13 lumens/watt, un éclairage halogène de 14 lumens/W, les lampes fluocompactes, qui durent plus longtemps, 60 lumens/W et les tubes fluorescents de 63 lumens/W [87]. Les diodes électroluminescentes sont une solution d'avenir pour l'éclairage.

En matière d'économie d'énergie, le choix des appareils ménagers est important. Le froid (réfrigérateur et congélateur) représente le plus gros poste en énergie[12] d'une famille, suivi de la cuisson (plaques chauffantes et four électrique). Paradoxalement, l'utilisation d'un lave-vaisselle utilisant l'eau froide consomme moins d'énergie (moins 20 %) et beaucoup moins d'eau (moins 40 % à 75 %) qu'un lavage à la main [87].

La figure 7.1 montre la consommation annuelle de quelques appareils ménagers utilisés dans une maison française.

10. Le chêne fournit par exemple plus d'énergie que le peuplier (1 700 kWh/stère contre 1 400 kWh/stère [87]).

11. Si l'on tient compte du rendement de production de l'électricité (33 %), des pertes de transport et du rendement de la lampe, le rendement global d'éclairage est de l'ordre de 1,5 %.

12. Un réfrigérateur de type américain (fabriquant des glaçons) consomme 4 fois plus d'énergie qu'un réfrigérateur européen.

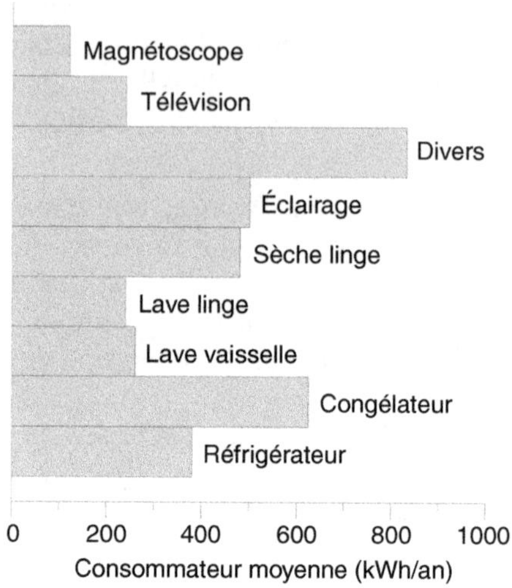

Figure 7.1 Consommations moyenne annuelle de quelques appareils d'une famille française. Avec des appareils économiques en énergie, on pourrait pratiquement diviser par deux la consommation totale. Source www.ademe.fr

Signalons enfin le problème des veilles électroniques qui sont maintenant nombreuses dans une maison (téléviseurs[13], magnétoscopes...) Comme elles marchent 24 heures sur 24, leur consommation est loin d'être négligeable. Avec un ordre de grandeur de 50 W par foyer, cela fait une dizaine de TWh/an d'électricité, soit la production de 1,5 réacteur nucléaire.

7.9 CONCLUSION

L'homme a suffisamment d'imagination et de ressources pour développer de nouvelles sources d'énergie lorsqu'il en aura besoin. La période que nous vivons actuellement, où l'énergie est abondante et bon marché, ne favorise malheureusement ni les économies ni les investissements de recherche à long terme. On commence déjà à voir que l'énergie va deve-

13. Si l'on regarde un téléviseur dont la puissance est 80 W pendant 3 heures par jour, on consomme 240 Wh. Pendant les 21 heures restantes il est souvent en mode veille (15 W), soit une consommation de 315 Wh.

nir de plus en plus chère dans le futur ce qui va nous amener à changer nos habitudes pour nous adapter à cette nouvelle situation.

Il est indispensable que l'ensemble de l'humanité ait accès à l'énergie car c'est le moteur du développement économique. Pour cela elle doit être peu chère et son utilisation doit avoir un impact aussi minime que possible sur l'environnement. Le coût de l'énergie est un frein important car, sur les 6 milliards d'habitants qui peuplent la Terre, 2,8 milliards disposent de moins de 2 $ par jour pour vivre.

Les énergies renouvelables que l'homme a utilisées dès qu'il a maîtrisé le feu, il y a environ 500 000 ans, sont encore, pour certaines, trop chères, intermittentes et de faible puissance. Les combustibles fossiles (charbon, pétrole, gaz) sur lesquels est bâtie notre civilisation vont progressivement se raréfier et l'humanité devra trouver d'autres sources pour les remplacer. L'énergie nucléaire (fission de l'uranium ou du thorium, fusion deutérium-tritium) peut fournir de l'énergie pour des dizaines de milliers d'années. Les énergies renouvelables (sous réserve que les besoins ne soient pas trop élevés) sont susceptibles de fournir de l'énergie à l'humanité pour les 5 milliards d'années qu'il reste à notre planète avant qu'elle disparaisse. Il en est de même de la fusion deutérium-deutérium qui pourra lorsqu'elle sera maîtrisée, fournir des quantités considérables d'énergie et de grandes puissances.

Une meilleure utilisation de l'énergie, en augmentant les rendements de conversion, en choisissant et gérant mieux les systèmes énergétiques, est indispensable dans une optique de développement durable.

Dans le futur nous aurons de plus en plus besoin d'électricité pour satisfaire de nouveaux besoins. Il s'agit par exemple de la chaleur ou du froid en utilisant des pompes à chaleur opérant avec la source de température la plus adaptée au besoin (air, sol ou eau) ou des véhicules hybrides rechargeables qui permettront de lisser la courbe de consommation électrique en étant rechargés principalement la nuit. Reporter une partie de notre consommation d'énergie sur l'électricité n'est intéressant que si celle-ci est produite sans émission de gaz à effet de serre, c'est-à-dire avec le nucléaire, les énergies renouvelables ou éventuellement les énergies fossiles si on est capable de capturer et de stocker le CO_2 produit. Ce dernier point est d'ailleurs loin d'être acquis à l'échelle industrielle et il faudrait des milliers d'usines comme celles qui sont en prototype actuellement (1 Mt de CO_2/an) pour séquestrer une partie significative du CO_2 émis par les activités de l'homme.

Dans un futur plus lointain il sera important d'utiliser au mieux les atomes de carbone tirés de la nature (combustibles fossiles restants ou biomasse). Il faudra en particulier les utiliser pour fabriquer des carburants liquides pour les transports ou pour d'autres usages où ils sont indispensables. Il faudra donc éviter de les brûler pour alimenter en énergie les procédés de transformation et éviter qu'ils donnent du gaz carbonique. Cela signifie qu'il faudra utiliser des sources de chaleur externes ne produisant pas de gaz à effet de serre (renouvelables ou nucléaire) et utiliser de l'hydrogène, produit avec de l'eau par électrolyse utilisant aussi de l'électricité propre, pour avoir la stoechiométrie des réactions chimiques.

Bibliographie

[1] SMIL V., *Energies*, The MIT Press, 1998.

[2] ROQUES-CARMES C. et LEFÉBURE N., *L'énergie et ses secrets*, Fernand Nathan éditeur, 1984.

[3] Informations utiles, CEA, édition 2006 et éditions précédentes.

[4] GRIMM G., *Les nouvelles de l'environnement*, n° 57.

[5] *Mémento sur l'énergie* 2006, CEA.

[6] ARQUÈS Ph., *La pollution de l'air, causes, conséquences, solutions*, Édisud, 1998.

[7] PHILLIPS A.C., *The physics of stars*, John Wiley & Sons, 1994.

[8] PHILLIPS K.J.H., *Guide to the sun*, Cambridge University Press, 1992.

[9] REEVES H., *Patience dans l'azur, l'évolution cosmique*, Éditions du Seuil, 1981.

[10] LE TREUT H. et JANCOVICI J.M., *L'effet de serre*, Dominos, Flammarion, 2001.

[11] DGEMP, Statistiques énergétiques, ww.industrie.gouv.fr/energie

[12] *L'environnement en France*, Ifen, Éditions La Découverte (1998).

[13] *Cette roche nommée pétrole*, R. Leygonie, B. Martin et M. Prillieux, Éditions Belin, 1983.

[14] B. MÉRENNE-SCHOUMAKER, *Géographie de l'énergie*, Nathan Université, 1993.

[15] ROQUES-CARMES C. et LEFÉBURE N., *L'énergie et ses secrets*, Fernand Nathan éditeur, 1984.

[16] *Environnement, énergie, santé*, Brochure de la Société française d'énergie nucléaire, groupe Languedoc-Roussillon, juin 1997.

[17] GABBARD A., *Coal combustion : nuclear ressource or danger*, Oak Ridge national laboratory, 2001.

[18] PRÉAT A., *L'énergie d'aujourd'hui et de demain : le point de vue d'un géologue ?*, Université Libre de Bruxelles.

[19] Union française des industries pétrolières, www.ufip.fr.

[20] ITOPF (International tanker owner pollution federation limited), http://www.itopf.com/

[21] Enerpresse n° 7425 (1999).

[22] BP Statistical review of world energy 2007 et éditions antérieures.

[23] CH4, Revue du Gaz de France, 1999.

[24] Gaz de France, www.gdf.fr.

[25] Enerpresse n°7422 (1999).

[26] CHARPIN J.M., DESSUS B. et PELLAT R., *Étude économique prospective de la filière électrique nucléaire*, La documentation française, 2000.

[27] CAMPBELL C. et LAHERRÈRE J., Pour la science n°247, mai 1998

[28] Commissariat général du plan, Club « Énergie, prospective et débats », Rapport d'activité 2000.

[29] BIRRAUX C. et Le DÉAUT J.Y., *L'état actuel et les perspectives techniques des énergies renouvelables*, Rapport de l'Office parlementaire d'évaluation des choix scientifiques et technologiques, 2002.

[30] VERNIER J., *Les énergies renouvelables*, Que sais-je ?, Presses Universitaires de France, 1997.

[31] *Guide to the sun*, K.J.H. Phillips, Cambridge University Press, 1992.

[32] CUNTY G., *Éoliennes et aérogénérateurs*, Edisud, 2001.

[33] NOËL J.M., Informations sur l'énergie éolienne, UEEGM/Saclay, DESS EPE/GNTE, 2/56-1, 2000-2001.

[34] Ravoire J., *Sur l'énergie et l'environnement*, document non publié, septembre 2001.

[35] *Comité Biomassse-énergie*, Commissariat à l'énergie solaire, Mai 1980.

[36] BOBIN J.L., NIFENECKER H. et STÉPHAN C., *L'énergie dans le monde, bilan et perspectives*, EDP sciences, 2001.

[37] GOGUEL J., *La géothermie*, Doin éditeurs, 1975.

[38] BAUQUIS P.R., *Un point de vue sur les besoins et les approvisionnements en énergie à l'horizon 2050*, Revue de l'énergie, n°509, 1999.

[39] Société française de radioprotection.

[40] Reuss P., *La neutronique*, Que sais-je ?, 1999.

[41] Tellier H., *Cinétique des réacteurs nucléaires*, CEA, INSTN, 1993.

[42] Cavedon J.M., *Réacteurs nucléaires*, Électronucléaire, une présentation par des physiciens, Publication du cercle d'études sur l'énergie nucléaire, 1999.

[43] Barré B., *Actes des journées de l'énergie au Palais de la Découverte*, 2001.

[44] ELECNUC, *Les centrales nucléaires dans le monde*, CEA, Édition 2001.

[45] *Les déchets nucléaires, un dossier scientifique*, Éditeur R.Turlay, EDP Sciences, 1997.

[46] Wiesenfeld B., *L'atome écologique*, EDP Sciences, 1998.

[47] Cavedon J.M., *La séparation isotopique*, Électronucléaire, une présentation par des physiciens, Publication du cercle d'études sur l'énergie nucléaire, 1999.

[48] *L'industrie nucléaire et ses marchés en Europe*, Perspectives stratégiques et financières, EUROSTAF, 1996.

[49] Bataille C. et Galley R., *L'aval du cycle nucléaire*, Office parlementaire des choix scientifiques et technologiques, Rapport de l'Assemblée nationale n°1359, du Sénat n°195, 1999.

[50] Bataille C., *Les possibilités d'entreposage à long terme de combustibles nucléaires irradiés*, Office parlementaire des choix scientifiques et technologiques, Rapport de l'Assemblée nationale n°3101, du Sénat n°347, 2001.

[51] Langrand J.C., Service d'études économiques, CEA.

[52] *Uranium 1999, Ressources, production et demande*, OCDE, Agence pour l'énergie nucléaire, 2000.

[53] Bastard P., Fargue D., Laurier P., Mathieu B., Nicolas M. et Roos P., *Électricité, voyage au cœur d'un système*, Eyrolles 2000.

[54] Conan J., *Actes des journées de l'énergie*, Palais de la découverte, mai 2001.

[55] *A guide to cogeneration*, The european association for the promotion of cogeneration (www.cogen.org), 2001.

[56] Douaud A., *Actes des journées de l'énergie*, Palais de la découverte, mai 2001.

[57] Damery E., note technique CEA/DTEN n° 2002-11.

[58] Wiser W.H., *Energy resources*, Springer, 1999.

[59] Askill J., Millikin University, 1999.

[60] *L'hydrogène*, Les dossiers de l'énergie n°14, Ministère de l'industrie, du commerce et de l'artisanat.

[61] Comte A., *Les piles à combustible, principes et quelques applications*, Auvergne sciences, n° 50, Avril 2001.

[62] Réseau Paco, www.reseaupaco.org.

[63] Bienvenu C., *Vous avez dit énergie ?* Sofedir, 1980.

[64] Joussaume S., Climat d'hier à demain, CNRS éditions, 1999.

[65] Nesme-Ribes E. et Thuillier G., *Histoire solaire et climatique*, Belin, 2000.

[66] GIEC 2001.

[67] *Le diesel et son environnement*, CLID, mars 1999.

[68] CITEPA, 1998.

[69] Conférence à l'école des Mines de Paris, 1997.

[70] Laboratoire d'hygiène de la Ville de Paris, 1997.

[71] Monna F., *La Recherche*, n° 340, mars 2001, p. 50.

[72] Ministère de l'aménagement du territoire et de l'environnement, www.environnement.gouv.fr.

[73] *La radioactivité naturelle en 10 épisodes*, Société française de radioprotection, 1998.

[74] OCDE-AEN et Conseil scientifique des Nations Unies et www.in2p3.fr.

[75] Gazette nucléaire, info IPSN n° 158, 1994.

[76] Péllissier-Tanon J., *Le jaune et le rouge*, 1999.

[77] GR21 (Groupe de réflexion énergie environnement au XXIème siècle), SFEN, 2001.

[78] Galle P., *Toxiques nucléaires*, Masson 1997.

[79] Syrota A., *Les nuisances de l'énergie sur le vivant : l'influence des faibles doses*, Les journées de l'énergie au Palais de la Découverte, 2001.

[80] Encyclopedia Universalis.

[81] Jauron R. et Laroche P., Chrysotile laboratory.

[82] Mandil C., *Les hydrocarbures, une énergie d'avenir*, Journées de l'énergie du Palais de la découverte, 2001.

[83] Santos I., Cité des sciences de la Vilette, www.cite-science.fr.

[84] Lucciani J.F., CEA, 2001.

[85] Informations CEA.

[86] GOGNY D., *La matière dans tous ses états*, École Joliot-Curie, 1986.

[87] SALOMON T. et BEDEL S., *La maison des négawatts*, Terre vivante, 2001.

[88] www.wikipedia.fr

[89] LAMBERT G., CHAPPELLAZ J., FOUCHER J.P. et RAMSTEIN G., Le méthane et le destin de la Terre, EDP Sciences, 2006.

[90] BONAL J. et ROSSETTI P., *Énergies alternatives*, Omniscience, 2007.

[91] www.iea.org

[92] DURAND B., *Énergie et environnement*, EDP Sciences, 2007.

[93] EON, Wind report 2004.

[94] www.rte-france.com

[95] www.afh2.org

[96] www.ccfa.fr

[97] ROJEY A., IFP, Conférence à ECRIN, septembre 2007.

[98] www.cea.fr

Index

Unités de mesure de l'énergie et facteurs de conversion

Unités	
1 calorie	4,186 joules
1 kWh	$3,6 \times 10^6$ joules
1 thermie	$4,186 \times 10^6$ joules
1 Btu (*British thermal unit*)	$1,055 \times 10^3$ joules
1 quad	10^{15} Btu
1 baril de pétrole	159 litres
1 U.S. gallon	3,785 litres
Facteurs de conversion [1]	
1 tep (PCI)	42×10^9 joules
1 tec (PCI)	$29,3 \times 10^9$ joules
1 000 m^3 gaz naturel (PCI)	36×10^9 joules
1 tonne gaz naturel liquide	46×10^9 joules
1 000 kWh (primaire)	0,0857 tep (hydraulique)
1 000 kWh (primaire)	0,26 tep (nucléaire)
1 tonne uranium naturel (REP)	$4,2 \times 10^{14}$ joules

www.ingramcontent.com/pod-product-compliance
Lightning Source LLC
LaVergne TN
LVHW082345171026
850499LV00040B/1330
* 9 7 8 2 1 0 0 5 1 5 3 1 8 *